标准力源与力标准机技术

张学成　于立娟　著

科 学 出 版 社

北　京

内 容 简 介

　　本书从力值计量的基本需求着手，以保证力值准确度为核心目标，以提高效率和技术经济性能为主要目的，提出和运用不同的技术思路和方法，系统地阐述力学计量中标准力源装置的科学与技术问题。通过具体实例，分别论述静重式力标准机、杠杆式力标准机、液压式力标准机、叠加式力标准机的原理、结构和实现方法。

　　本书依据作者近三十年来的理论和实践经验写作，希望能给从事力学计量与校准工作的工程技术和管理人员、测试计量技术及仪器专业和机械工程专业高校本科生和研究生提供借鉴和参考。

图书在版编目(CIP)数据

标准力源与力标准机技术 / 张学成，于立娟著. —北京：科学出版社，2020.1
ISBN 978-7-03-062912-8

Ⅰ. ①标… Ⅱ. ①张… ②于… Ⅲ. ①力学－计量仪器 Ⅳ. ①TB93

中国版本图书馆 CIP 数据核字（2019）第 242966 号

责任编辑：姜　红　张培静 / 责任校对：樊雅琼
责任印制：吴兆东 / 封面设计：无极书装

科 学 出 版 社 出版
北京东黄城根北街 16 号
邮政编码：100717
http://www.sciencep.com

北京厚诚则铭印刷科技有限公司 印刷
科学出版社发行　各地新华书店经销

*

2020 年 1 月第 一 版　开本：720×1000　1/16
2020 年 1 月第一次印刷　印张：16 1/2

字数：333 000

定价：128.00 元
（如有印装质量问题，我社负责调换）

序

　　计量与测试是科学研究与生产工程的技术基础，也与国防建设、人民生活和经济活动等息息相关。著名的万有引力定律、相对论等，也都是经过测试验证而确立的，正如门捷列夫所说："没有计量，便没有科学。"计量的内容包含力学、几何学、光学、声学、化学等多方面，而标准力源与力标准机是力值计量和力学量检测领域中的重要基础技术和关键手段，广泛应用于航空航天、冶金、交通、建筑、船舶、水利等行业及国际贸易结算中。

　　力值计量方面的专业书籍并不多，该书是作者在科学研究、技术试验和工程实践基础上，集多年的工程实际经验所著，既包含力标准计量设备的基础理论、独特技术观点、工程应用典型实例，也包含新的技术原理、新的试验方法和新的机械结构，同时与机电液一体化、伺服驱动技术、电力电子技术、网络技术、软件技术等现代技术方法相融合，是一本实用的专业著作。

　　该书阐述了四种类型的标准力值设备：①静重式力标准机，以电动独立加码技术为核心，解决了力标准机结构复杂、大质量部件动作缓慢及易冲击、设备造价高等问题，保证了力值测量的高准确度，并实现了工作自动化；②杠杆式力标准机，以定比和变比的单双杠杆力值技术为核心，解决了杠杆式标准力值装置的结构、效率、平衡、精度和成本等问题；③液压式力标准机，以滚动摩擦油缸技术和静压支承技术为核心，提高了工作精度，并大大简化了机器的结构和制造工艺；④叠加式力标准机，以纳米位移控制技术和压电陶瓷逆压电效应的微位移驱动与控制技术为核心，解决了力值的快速精确加载问题。

　　作者在力值计量领域建树颇多，项目的技术成果已应用于国内外企业和计量部门，取得了显著的经济和社会效益，获得多项科学技术奖励，技术水平也跻身世界前列。该书涉及的技术方法已在航空航天和兵器工业领域、喷气发动机的推力试验、武器膛压测定方面获得应用。希望该书的出版能够惠及更多的计量测试行业、仪器仪表行业、试验机行业及其他相关行业的研究人员和工程技术人员，为推动力值计量装备和技术的发展与进步，做出更多有益的贡献。也希望作者能够再接再厉，继续研发出更好的产品，不负数十年的匠心独运和坚持不懈。

杨水清

2019 年 8 月

前　言

运动是物体的基本属性，力是万物运动的源泉。宏观而言，宇宙间林林总总的关系均离不开力这个纽带，力的重要性可见一斑。诚然本书涉及的力是科学技术含义下的概念，事实上力是一个导出单位，在力的大小、方向、作用点三要素中，力的大小是人们更为关心的问题，而且是最重要的问题。为此，对力值（即力的大小）的检测、计量在科学技术过程和日常生活中始终起到最基础的作用。为了统一标准，保证力值准确和可靠，世界各国都建立起了自己的力值量值传递体系，国家间也通过国际比对维系着力值量值在高水准下的一致性。

当然与所有量值的传递一样，力值的传递和应用也是分层级展开的，但是不管哪一级量值，都离不开产生相应力值的力源技术、装置和方法。标准力源和力标准机就是为保证力值量值传递而产生和发展出来的基础装备和技术手段，用来给不同种类的各级测力仪提供标准输入参考值。

产生高精度力值的技术方法为标准力源，以标准力源为基础，建立可以对测力仪施加所需力值的技术装置为力标准机。一块经过计量的重力砝码可以作为标准力源，而要把若干砝码按照一定规则组合起来，并采用相应的技术措施，精确地把力值施加到测力仪上，这样的装置就是静重式力标准机。静重式力标准机作为一类工具，准确、可靠、方便、高效和低成本是人们追求的永恒目标。首先，准确是基本要求，它永无止境。任何量值的精度都在随着科学的发展而有更高的要求，技术的进步又不断满足这些要求。据报道，2016 年下半年，美国国家标准与技术研究院（National Institute of Standards and Technology，NIST）的物理学家利用两个镱原子钟创造了一项新的原子钟稳定性世界纪录，该镱原子钟的误差为 $1/10^{18}$，此前误差比它大十倍。其次，可靠、方便、高效是人类操作使用工具的基本愿望，它随着技术的发展而不断向更高境界迈进。最后，低成本对于工作装置经济性的意义是不言而喻的，毕竟创造更高的经济效益的基本要素之一就是降低生产成本。

本着通过创新、提高、改进的途径，向着标准力源和力标准机的更高技术目标前进的宗旨，作者结合近三十年来在这一领域的国际前沿水平上栉风沐雨、摸爬滚打的经历写作此书，希望能对有关技术领域的科研工作者、技术研发人员、操作使用者提供一些借鉴、参考和帮助。

本书的主要内容涵盖力值计量领域中使用的力标准机的所有类型，包括静重式力标准机、杠杆式力标准机、液压式力标准机、叠加式力标准机。所涉及的力值计量范围从 100μN 到 100MN，力的计量精度等级达到世界最高水准 0.002。对于这些技术、装置的思考，全部从力值计量的基本需求着手，遵循最基本的科学原理，在实际应用的全过程中，都秉持着不同的技术思路，提出不同的技术方法，设计不同的结构，最终获得不同的、更加有益和高效的技术和经济效果。这些效果是建立在工程实际应用佐证的前提下的。全部技术装置、技术方法都沿着这样一条路线进行研究，即需求→科学原理→确定基本技术思路→提炼确定技术方法→开展技术设计→实验研究与实验考核→应用。

可靠、可信和省心是对设备的基本要求，也是科技人员和工程师不断追求的目标。把复杂的科学和技术问题以最简洁的方式进行诠释，把看似简单的科学原理应用到解决纷繁困难的工程实际问题中去，这是本书希望传达的两种技术工作思考问题的基本方法。关于设计制造的理念，工作免维护和"傻瓜式"的智能性操作，是作者长期践行的原则性思路。工作免维护，即在工具的全生命周期内无须或尽量减少实施经常性的维护、保养等工作。这一点，目前在各种家用电器中，如电视机、洗衣机、微波炉等产品中优势尽显。对于更精密、更昂贵的设备，向着这个目标迈进是必然的发展方向。任何专业的事情由专业人员去完成，使用者只需要让所持有的工具发挥其功能作用即可，所以操作使用简便化即实现"傻瓜式"操作是至关重要的。专业摄影师会充分运用光圈、焦距、曝光系数等专业技术去获取优秀的照片，但普通消费者更喜欢直接按下快门的"傻瓜"相机。同样对于高精度、高可靠性的设备，实现"傻瓜式"操作对设备使用者来说是最理想的方式。

本书对这些理念、方法、结构以及效果进行了全面论述。必须强调的是，本书所述都是作者基于效果的多年工作经验的总结，是理论分析和技术工作的提炼。衷心希望作者的经验能够与读者分享，希望本书的出版能对相关科学技术领域的进步和发展做出有益的贡献。

2017 年入秋的一天，用户突然打来电话告知，1996 年作者提供的两台 500kN 叠加式力标准机，由于年久，希望作者将自制的单片机控制器予以更换。再想想同年研制的目前还在服役中的静重式力标准机，不禁感慨万千。这些设备竟以日工作时间不少于 8 小时的强度使用了 21 年！结构简单、操作使用"傻瓜化"、工作可靠、技术先进、工作免维护，这是作者从事技术研究开发中，一直倡导和坚持的基本理念。以这个理念支撑，近三十年来，亲手为客户提供了上百台各种专用标准测力设备。这个客户的电话坚定了作者写作此书的决心，作者希望和坚信自己的这些理念能够为社会有所助益。

本书由张学成主笔，于立娟审稿和校核。其中有关控制系统内容的统稿和写作，由于立娟完成。

　　本书的完成需要特别感谢给予作者关心帮助的各界人士和朋友。为本书提供设备照片的有中国计量科学研究院张智敏主任、浙江省计量科学研究院倪守忠研究员、中国测试技术研究院唐纯谦所长、中航电测仪器股份有限公司王小岗高级工程师，在此表示衷心的感谢。

　　由于作者水平有限，书中难免存在疏漏之处，敬请广大读者不吝批评指正。

作　者

2019 年 6 月

完稿于吉林大学

目　　录

1 绪　　论

1.1　力与力值的计量

物体或者场对其他质点或者物体的机械作用由力来量度。力是一切运动产生和变化的源泉，是所有机械运动和现象的联系纽带。使物体运动状态发生变化的效应称为力的动力效应，使物体产生变形的效应则称为力的静力效应。

宇宙间存在着各种各样的力，例如万有引力、弹性力、摩擦力、黏滞力、电磁力，以及原子内部粒子相互的作用力等。如果考虑力的作用是否随时间变化又有静态力与动态力之分。

可以说宇宙间力和力的作用无处不在、无时不存。力是一个矢量，它由力的大小、方向和作用点三个要素来确定。如果说力的方向和作用点已知或者不作考虑，力的大小在科学研究、工农业生产、日常生活中是必须要通过各种手段获知的，这些获知力大小的手段统称为力的测量。测量必须进行定度，或者说计量。本书探讨力的大小测量过程中采用的测量装置或者仪器的定度技术方法问题，主要研究力值大小的标准量度实现的理论和技术解决措施。

1.1.1　力值计量的内容与应用

力值的计量内容非常广泛[1]，仅就机械工程而言，各种机器的运转是由原动机带动，通过力或者力矩的传递使得各工作部分产生相应的运动，以实现它们平动或转动的功能，达到设计的性能指标。力往往是机器工作的最主要的负荷形式，各个零部件承受各种可能的力负荷的能力是机器工作的基本要求，这就必须对不同情况下的力进行测量和评定分析，以便确定影响负荷的因素以及可能产生的后果，为机器设计、制造、使用和改进提供依据。同所有的测量一样，力的测量结果必须可以进行溯源，就是计量。在国民经济的各个部门，力值计量是无所不在的。

任何机器都是由原材料制成的，因此单独考虑材料工业，为了获取材料的力学特征，比如屈服点、屈服强度、抗压强度、抗拉强度、抗弯强度等，必须通过各种手段使得材料承受可控和准确已知的力负荷的作用才能使材料发生相应的效应，以便获得材料的力学性能指标。材料力学性能试验中的力值计量是较重要的计量学内容之一。

一般生产过程中遇到的力，包括切削力、轧制力、冲压力、推力、牵引力等，准确及时获知这些力的信息要通过力的测量手段来完成，获取信息是保证生产过程的正常进行和产品质量的必要措施。测量的力还包括生产和为达成某种目的进行的各种特殊试验过程中的特殊力，如冲击力、疲劳力等。力的测量中对测力仪的标度，确保测力仪测量数据的可靠，是力值计量的最主要任务。

在不同条件和不同情况下，使用各种力值测量仪器对其进行测量，以获得准确可信的力值信息，是生产和生活中必不可少的工作事项。为此，科学家和工程师研制出了许多种测力仪器，目前力的测量以各种力传感器为主。测力仪正常工作的首要条件是定度准确，测力仪本身必须经过强制的检定和校准才能使用。对测力仪进行定度，或者确定测力仪的工作性能，输入准确的力值信息是保证定度准确的前提条件，它必须具备精密力源和力源装置，即产生和施加足以作为力值参考标准的高精度力值的技术方法为标准力源，以标准力源为基础，建立可以对测力仪施加所需要的各种力值的技术装置为力标准机。一块经过计量的重力砝码可以作为标准力源，而要把若干砝码按照一定规则组合起来，并采用相应的技术措施，能够正确安装测力仪，准确无误地、方便地把力值施加到测力仪上，这样的装置就是力标准机。图1.1为测力仪的输入输出特性曲线[2]，欲获得准确的传感器输出特性，首要前提是准确的力值输入。

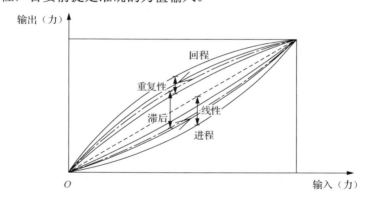

图1.1　测力仪的输入输出特性曲线

1.1.2　力值计量的范围

物理学中力的大小是无极限的，因此，理论上力值大小的计量范围也是无限度的。根据科研和生产需要，一般来说各个国家都建立了自己的力值计量标准体系。但是，这个体系受使用范围和技术手段的限制，与科学技术的发展往往不一致，而且多半是滞后的。如中国国家计量标准体系中给出了1N到20MN的力值计量范围。而在纳米技术、生物科学技术、航空航天技术[3-4]等现代科学技术中早已经有了毫牛（mN）、微牛（μN）量级的力值测量应用；在土木工程、航空航天工程、机械工程、水利工程[5-8]等领域，数十兆牛、超过百兆牛的力值测量也已获得应用，比如世界最大的模锻压力机已于 2013 年在四川德阳投入使用，最大载荷八万吨力（1 吨力=9.80665×10³N），2017 年，国内最大的压剪试验机在北京铁道科学研究院投入使用，最大轴向载荷 100MN。本书在后续章节将涉及小至微牛、大到百兆牛的力值计量问题。

1.1.3　力的测量方法

力的测量方法包括基于力的动力效应和基于力的静力效应两类，虽然两类方法在力值的测量和计量中都有应用。但迄今为止，基于力的动力效应，建立在牛顿第二定律基础上，依靠重力的加载方法，是可以产生最准确力的途径，即

$$G=mg \tag{1.1}$$

式中，m 是物体的质量；g 是物体所在地的重力加速度；G 是重力。因此，力值计量领域里重力是所有测力仪的根源。就重力的组成而言，它是已知物体质量与重力加速度之积。物体的质量和重力加速度都是可以通过仪器进行精确计量的，因而可以获得准确的力值。

1.2　质量与重力加速度计量方法

如上所述，力的计量最终都是溯源到重力上来的，因此质量和重力加速度计量是力值计量的基础。一般来说，质量是物体固有的一种物理属性，在力学范畴内，质量是一个恒定值，不随物体所处地理位置变化而变化；重力加速度受物体所处位置的纬度和海拔影响。

1.2.1　质量计量

质量是物质的基本属性，是国际单位制中七个基本量之一，它的基准是一个实物，为国际千克原器（international prototype of kilogram，IPK），基本单位是千克（kilogram，kg）。国际千克原器的定义是，直径和高都是 39mm 的铂铱合金圆柱体，其中铂占 90%，铱占 10%，国际计量局（Bureau International des Poids et Mesures，BIPM）1883 年 10 月 3 日通过的编号为 KⅢ的砝码。中国的国家千克原器仿制国际千克原器，编号 No.60 和编号 No.64。其中编号 No.60 的砝码是 1965 年 3 月 5 日由国际计量局检定，1965 年 8 月运至中国保存在中国计量科学研究院质量实验室，作为千克基准；编号 No.64 的砝码于 1984 年由国际计量局取回作为旁证基准。基本表征：No.60 的砝码在 0℃时的体积 46.3867cm³，质量 1kg+0.295mg；No.64 的砝码在 0℃时的体积 46.3908cm³，质量 1kg+0.249mg。中国的千克基准砝码（公斤原器）每 20 年送国际计量局进行比对。

1. 质量计量的原理

利用天平或者秤称量物体的质量，对两个物体的质量进行比较，其中的一个质量值为已知。天平或者秤的基本工作原理是建立在杠杆原理、静压传动原理、弹性变形原理或者力—电转换原理等科学原理基础上的。高精度的质量计量都是采用具有优良性能的等臂天平，运用相应的称量方法进行计量的。

质量计量中的天平，目前可以分为机械天平和电子天平两大类。图 1.2 为传统的机械天平结构图。机械天平迄今仍然是质量以及力值传递过程中使用的基本工具。

电子天平是一种新型天平。图 1.3 为电子天平外观图。它利用重力与电磁力平衡的原理进行物体的质量计量。秤盘上放置重物，载荷变化引起秤盘位置变化，并由位移传感器检测，作为反馈信号经放大后以电流形式反馈到线圈中，线圈产生电磁力与被称重的物体重力平衡，直到秤盘恢复到原拉力的位置。此过程中电流与被称重物体大小存在着直接联系，测出电流大小即可计算出物体的质量。

图1.2　传统的机械天平结构图　　　　图1.3　电子天平外观图

图 1.4 为电子天平的电学原理。磁场两极间放置导体，导体中通以电流，产生洛伦兹力 F，F 与电流强度大小成正比。初始状态时，导体（连接秤盘）在初始电流作用下位置为 0，由位置指示器检测。秤盘施加重力 mg 时，秤盘下降，需增大电流直至秤盘位置恢复到初始位置。电流的增加值与施加的重力成正比，可以精密计量，因而可以精确测量质量。

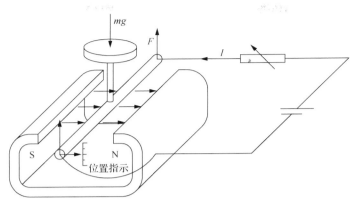

图 1.4　电子天平的电学原理

根据电磁理论，当导线与磁力线夹角为直角时，磁场中通电导线受到的洛伦兹力为

$$F=BIL \qquad (1.2)$$

式中，B 为磁感应强度；I 为通电导线的电流强度；L 为导线长度。设被测重力为 $G=mg$，则测量结果应有

$$G=F=BIL$$

2. 质量计量的范围

自然界中，氢原子的质量约为 1.674×10^{-27}kg，太阳的质量约为 2×10^{30}kg，可见物体的质量范围很宽。不过日常计量工作大体在 0.1μg～1000t，普遍应用的是中国国家质量量传体系范围 1mg～2000kg。目前在普遍应用的质量计量范围内，千克原器计量相对误差可达 10^{-9} 量级，大质量 5t 相对误差可达 10^{-6} 量级。

3. 质量量值传递体系

质量量值的传递是指通过各级质量标准向质量计量器具传递质量单位量值，它明确了量值不确定度和基本检定方法。图 1.5 为中国国家计量系统建立的一套国家质量量值传递体系。它是以可以溯源至国际千克原器的国家千克原器为基准进行量值传递的。通过天平比较，上一级量值对下一级量值进行不确定度评定。同级大质量通过叠加方法，经过不确定度评定确定量值的准确性。

4. 微小质量的计量

一般来说，1g 以下的质量称为小质量，有的国家把 1μg 以下的质量称为微小质量。由于微小质量的实物标准很难制造和保存，同时作为质量传递的计量器具，如天平很难制造，所以小质量计量比较困难。大质量测试一般是指 20kg 以上质量测试，大质量计量同样受到天平制约，目前最大天平量程为 10t，准确度为 0.0001%。

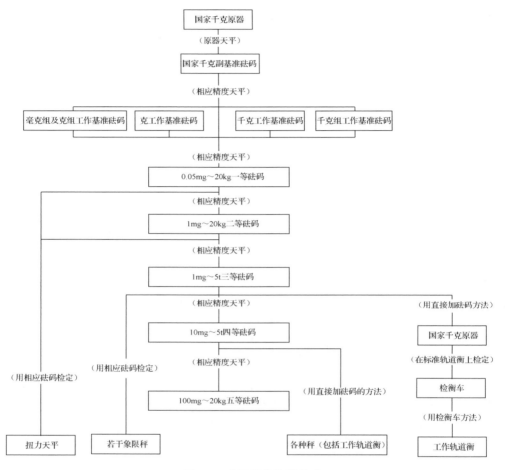

图 1.5　质量量值传递体系

当然，更大的质量利用称重传感器技术制作的质量比较仪可以很好地解决计量问题。相比较而言，微小质量的计量就困难得多了。对于微克以下的质量计量问题仍然处于研究阶段[9]，国际法制计量组织（Organisation Internationale de Métrologie Légale，OIML）质量量值传递建议 R111，只给出了 1mg～5000kg 的砝码量值传递规范。

1.2.2　量子基准研究进展

　　截至 2018 年 11 月，在国际单位制中的七个基本单位，质量是唯一一个没有实现量子化的单位，本书论述的内容和实例还是以原来的国际千克原器为基础。围绕质量单位量子化问题，国际上开展了持久的科学和技术研究工作，公认的有两条途径，即普朗克常数 h 测定和电学天平方案以及阿伏伽德罗常数 N_A 和硅球方案[10]。但是它们最好的测量结果存在 10^{-7} 量级的偏差，与期望的结果相差近一个量级。所以，质量的量子化标准是科学领域较难攻克的堡垒之一，它是通向计量基准量子化的最大绊脚石。

第 26 届国际计量大会（Conférence Générale des Poids et Mesures，CGPM）经各个成员国表决，通过了关于"修订国际单位制"的决议。根据决议，国际单位制基本单位中的 4 个——千克、安培、开尔文、摩尔分别改由量子力学中的普朗克常数、基本电荷常数、玻尔兹曼常数、阿伏伽德罗常数定义。决议于 2019 年 5 月 20 日正式生效[11]，对于新基本单位应用的讨论作者将时刻关注。

1.2.3　重力加速度计量

根据牛顿定律，重力与质量的关系符合著名的牛顿第二定律，在质量已知的前提下，准确测知重力加速度，是准确测知重力的必要条件。

重力加速度的计量是一门专业的学科[12]，有着系统的科学理论基础和十分专业的技术方法。根据地球物理学理论，物体在地球及其临近空间的重力实际上非常复杂，它是空间和时间的函数。重力不仅与物体在地球上所处的位置有关，也与地球与太阳、地球与月亮的相对位置有关，还与年代有关。幸运的是，时间对于重力的影响一般是可以忽略不计的。当今的科技手段对重力加速度的测量准确性达到 10nm/s^2 以内。

1.3　力值传递体系

力值计量是指通过各种不同的力值计量器具，使用相应的测量方法，测定被测力值大小而进行的一系列测量工作。为保证力值传递的一致性和正确性，需建立力值计量器具检定系统，从而规定力值的国家基准向力值工作计量器具传递力值单位量值的程序，表明不确定度和基本检定方法。已知中国的力值计量器具检定系统有两个：1MN 以下的力值计量器具检定系统，力的量值范围 10N～1MN，图 1.6 为较小力值范围计量器具检定系统的组成和实施办法；大于 1MN 的大力值计量器具检定系统，由 5MN 和 20MN 两台大力值基准机组成，力的量值范围分别为 0.1～5MN、0.5～20MN，图 1.7 为较大力值范围计量器具检定系统的组成和实施办法。

依据检定系统要求，力值计量器具的准确度等级按照由上至下的方式进行力值传递。按量值传递的经典理论，上一级器具的准确度等级，原则上优于被检定器具的三倍。在满足力值检定系统框图及相应要求的情况下，可以略去检定用标准器具不确定度对被检器具的影响。在检定高准确度的力标准机时，除在首次检定时采用与评定力基准机不确定度相似的分部检定方法外，还需与力基准机进行比对。

　　力的传递方式包括定度和检定两种：将力基准机或力标准机所示力值传递到测力仪刻度上即为定度，实际上是确定被检测力仪刻度所对应的力值；根据已标定测力仪刻度所对应的力值与被检测力设备示值进行比对就是检定，旨在确定测力仪的误差。力基准机的力值大小指示值就是通过这两种方式进行量值传递的。

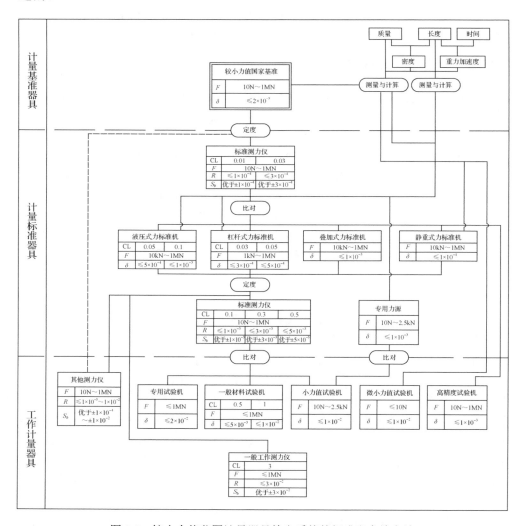

图 1.6　较小力值范围计量器具检定系统的组成和实施办法

F-力值范围；δ-力值准确度；CL-精度等级；R-重复性；S_b-长期稳定（下同）

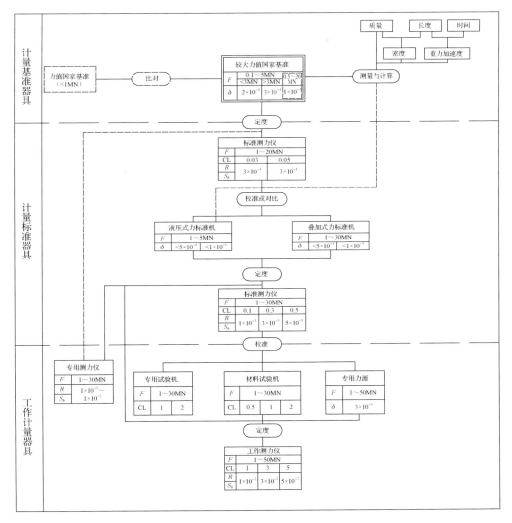

图 1.7　较大力值范围计量器具检定系统的组成和实施办法

各种工作用试验装置进行力的定度时，除了用相应准确度测力仪进行示值检定，当然也可以直接用重力砝码或者用相应准确度的校验杠杆等直接检定。如今，各种需要力值测量的工作装置一般都采用了电信号输出的各种传感器。作为力值传递的重要工具，测力传感器及其相应的二次仪表，已经广泛普及，利用传感器输出信号的比对进行力值传递已经成为主要的工作形式，力值的传递变得更便捷了。

各种工作用材料试验机，特别是小负荷试验机，除了用相应准确度测力仪进行示值检定，还可以用相应准确度的校验杠杆或专用标准砝码来检定。

需要指出的是，如图 1.6 和图 1.7 所示的计量检定系统，实际上，其涵盖的范围目前已经被突破了图中限制。已知的最大试验机的力值，已经突破 120MN 了。

1.4　标准力源与力标准机技术简介

力值的量值传递体系是以力基准机或力标准机为基础的工作系统。力标准机（力基准机）是复现力值大小的标准计量器具，是定度和检定各种测力仪的基本手段，其基本功能就是产生准确的力值，并可以正确地作用到测力仪上。无论是基于何种原理，对测力仪施加标准力值都需要相应的手段和措施。这里把基于某种原理工作，能够产生或者实现一定力值大小的技术方法称为力源技术，以力源技术方法为基础建立的工作装置称为力源装置。力的量值可以作为标准使用时，即为标准力源。

根据力的测量原理，常见的标准力源技术和标准力源装置包括：基于力的动力学原理、以专用砝码重力为力源的静重式力源方法，以及据此采用放大（缩小）原理衍生的液压式和杠杆式力源方法；基于力的静力学原理、以经过上一级力源装置检定的标准测力仪为标准输出参考，采用外力加载，将两个（标准测力仪与被检测力仪）测力仪或两组测力仪进行比对的比对测量方法。

为适应力值计量范围的需要，也为了生产实际的需要，基于上述方法，世界上发明、沿用并发展着如图 1.8 所示的四种形式的力标准机：静重式力标准机、杠杆式力标准机、液压式力标准机、叠加式力标准机。它们的一个共同特征就是力的量值最终都会溯源到国际千克原器上。除此之外，为了符合实际需要，力标准机的结构、工作方式、功能与性能则千差万别。

除了力值计量传递的基本需求，以测力仪研制生产的工艺过程为目的的力标准机的需求量越来越多。这类工作装置对于除力值以外的性能要求也越来越高。一个典型的需求是效率，以称重传感器检测为例，国际法制计量组织给出了 OIML R60 2000 版"称重传感器计量规程"国际建议（简称 R60 建议）[13]，对传感器的计量检定的过程和方法做了详细规定。譬如，R60 建议指出，对 500kN C 级传感器进行静态性能试验时，预加载次数一般为 3 次；检定点数进程和回程一般不少于各 5 个点；通常应检定进程、回程三个循环；每两个检定点之间的时间 30s；预加载后和每个检定循环之间都留有不少于 30s 的间隔时间。如此算来，检定一个传感器最短的时间（预加载整个时间按 150s 计算）不会少于 19min。而这个时间，对于传统的力标准机来说是很难做到的。按照要求，传感器的蠕变特性试验中，试验时间包括蠕变 30min、蠕变回复 30min。蠕变的加卸载时间一般不大于一级载荷加卸载时间。理论上，完整地检测一只传感器的静态力学性能需要的时间不

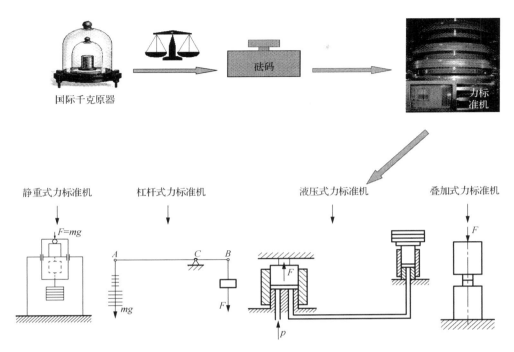

图 1.8   力标准机的种类与力值传递示意图

应少于 80min。且上述时间是建立在力标准机性能满足要求的前提下的。事实上，传统的力标准机远远不能满足加载时间需要，主要表现是每级加载时间和辅助时间过长，比如杠杆式力标准机的杠杆平衡时间通常需要 2～5min。因此，研制简便化、高效率的力标准机是力值计量和生产过程中的重要追求目标，这些都需要依靠相应的技术措施加以解决，它们是力源技术的重要组成部分。

如前所述，力值的计量范围很宽，理论上没有限度。拓展力值计量范围，也是力标准机技术的重要内容。

在上述力标准机中，根据实用需求、经济性、技术可行性等，四种力标准机的适用范围各有不同。从力值准确度角度考虑，静重式力标准机具有最高的力值准确度等级。所有其他形式的力标准机对力值的计量结果都必须可以直接或者间接地溯源至基准力值上。基准力值大部分都是由静重式力标准机实现的，大力值的基准用液压式力标准机实现，例如中国国家基准中 20MN 基准即为液压式力标准机。从经济性角度考虑，一般叠加式力标准机具有更好的低成本潜能，尤其在大规格的机器中更为突出。它的计量性能主要取决于作为标准器的标准传感器和标准仪表。在小规格力标准机中，静重式力标准机反而成本会更低；从可信度、可靠性角度考虑，与液压式、叠加式相比，杠杆式力标准机更胜一筹。作者综合考虑需求、技术经济等因素，对于非基准目的的力标准机，各类力标准机的最佳适用范围为：静重式 0.5～1000kN；杠杆式 50～2000kN；叠加式 100～60000kN；液压式 2000～60000kN。

除此以外，微小力值可采用杠杆缩小方法实现，100MN 以上的力值宜于采用叠加式力标准机实现计量和比对。表 1.1 为本书作者研制的常用力标准机的技术规格和适用范围。

表 1.1　常用力标准机的技术规格和适用范围

规格/kN	静重式			杠杆式			叠加式			液压式		
	工作方式	精度等级	加荷时间/（s/级）	工作方式	精度等级	加荷时间/（s/级）	工作方式	精度等级	加荷时间/（s/级）	工作方式	精度等级	加荷时间/（s/级）
0.5	自动	0.005	5	—	—	—	—	—	—	—	—	—
1	自动	0.005	6	—	—	—	—	—	—	—	—	—
2	自动	0.005	6	—	—	—	—	—	—	—	—	—
5	自动	0.005	6	—	—	—	—	—	—	—	—	—
10	自动	0.005	6	—	—	—	—	—	—	—	—	—
20	自动	0.005	6	—	—	—	—	—	—	—	—	—
50	自动	0.005	8	自动	0.02	20	—	—	—	—	—	—
60	自动	0.005	8	自动	0.02	20	—	—	—	—	—	—
100	自动	0.005	8	自动	0.02	20	自动	0.02	25	—	—	—
200	自动	0.005	12	自动	0.02	25	自动	0.02	25	—	—	—
300	自动	0.005	12	自动	0.02	25	自动	0.02	30	—	—	—
500	自动	0.005	15	自动	0.02	25	自动	0.02	30	—	—	—
1000	自动	0.005	20	自动	0.02	30	自动	0.02	35	—	—	—
2000	—	—	—	自动	0.02	30	自动	0.03	40	自动	0.03	40
5000	—	—	—	—	—	—	自动	0.03	40	自动	0.03	40
10000	—	—	—	—	—	—	自动	0.03	50	自动	0.03	50
20000	—	—	—	—	—	—	自动	0.05	60	自动	0.03	60
60000	—	—	—	—	—	—	自动	0.05	60	自动	0.03	60

1.5　扭　矩　计　量

扭矩是力作用的另一种表现形式，它使物体产生回转运动或者变形。自然界中，尤其是工业技术领域的回转运动是最主要的运动形式，所以扭矩计量不但必要，而且在国民经济的各个领域应用极为广泛。与力值计量一样，随着科学技术的发展进步，扭矩的大小范围也在不断向外扩展，扭矩的计量精度在不断提高，深入的研究工作仍在继续。2011 年中国计量科学研究院申请了质检公益性行业科研专项项目——建立 1mN·m～1N·m 扭矩国家标准装置；2005 年中国船舶重工集团公司第七〇四研究所研制了 200kN·m 静重式扭矩标准机，其主要技术参数与国际水平比齐[14]。

扭矩的计量也有自己的量值传递体系，如图 1.9 所示[1]。目前中国已经具备了 1mN·m～200kN·m 的计量能力，建立了相应的国家基准。

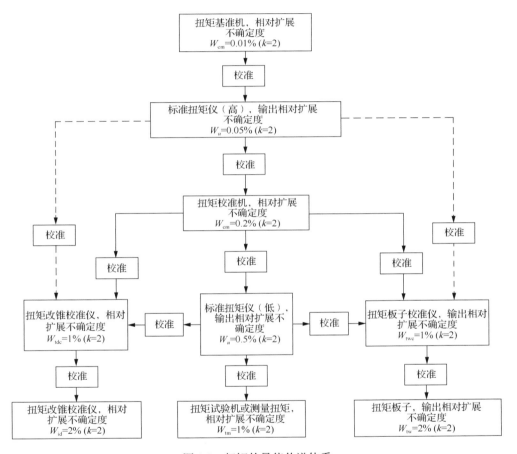

图 1.9 扭矩的量值传递体系

k 是覆盖因子。k 一般可选择 1、2、3，k 的值越小，满意度越高，$k=2$ 表示置信概率为 95%

与力值计量类似，标准扭矩的复现是通过扭矩标准机完成的。它在扭矩计量中的作用、地位和存在的问题都与力值计量相似，扭矩计量与力值计量相比只是增加了一个长度计量，抛开长度问题，上述所有关于力值的问题、方法、应用都可直接应用在扭矩计量中。高精度、高效率、宽范围也是扭矩标准机永恒的研究主题。

1.6　传感器的性能指标与静标动用

在众多测力仪种类中，目前以电阻应变式测力传感器为代表的力传感器，已经成为测力过程的主要技术手段。关于力（或扭矩）计量的内容，其核心的目的和作用之一是评定测力传感器的性能，确定其性能指标。传感器的特性包括静态特性和动态特性，最常用和最基本的是静态特性，它是力标准机的主要检测对象。换言之，标准力源和力标准机的主要作用是为传感器静态性能的评判提供技术手段。

1.6.1　传感器的静态特性

传感器的输入与输出关系，一般可以用线性函数来表示：

$$y = f(x) = y_0 + kx \tag{1.3}$$

式中，y 为信号输出；x 为信号输入；k 为比例系数；y_0 为信号初值。

由于各种原因，传感器的输入和输出并不严格符合式（1.3）的关系，同时输出信号还是时间的函数。传感器输入与输出关系与理论关系不一致，常用以下几个主要特性参数表示，它们是重复性、非线性、滞后、零点输出、蠕变特性、蠕变恢复等。它们的定义如图 1.10 所示。图 1.10 中短虚线、长虚线、点划线分别为三条输入与输出的关系曲线，细实线为三个循环的平均值表示，粗实线为理论直线。

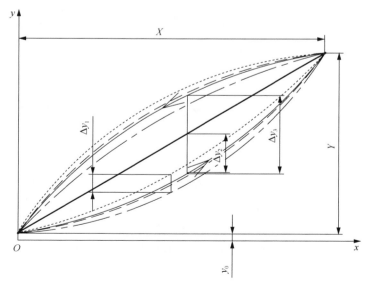

图 1.10　传感器的输入输出关系

重复性：对应同一输入量值，输出量值的不一致性。用符号 R 表示，其计算值为

$$R = \Delta y_1 / Y \tag{1.4}$$

式中，Δy_1 为 0～x 范围内，输入与输出的关系曲线中，任意 x 值对应的输出 y 的最大值与最小值之差的最大值，且一般都用进程值计算；Y 为额定输出值。

非线性：输出量值对于输入量值的非线性特性。用符号 L 表示，其计算值为

$$L = \Delta y_2 / Y \tag{1.5}$$

式中，Δy_2 为 0～x 范围内，输入与输出的关系曲线中，若干条循环曲线的平均值曲线上，任意 x 值对应的输出 y 的进程值与理论值之差的最大值。

滞后：若干个输入输出循环曲线（图 1.10 中细实线）进程与回程的不一致性。用符号 H 表示，其计算值为

$$H = \Delta y_3 / Y \tag{1.6}$$

式中，Δy_3 为 0～x 范围内，输入与输出的关系曲线中，若干个循环曲线的平均值曲线上，任意 x 值对应的输出 y 的进程值与回程值之差的最大值。

零点输出：在没有任何输入量 x 的情况下，y 的初始值。

传感器的特性中，还有一个专门的指标，即蠕变和蠕变恢复特性。它是一个随时间变化的函数，

$$y = f(t) \quad （条件\ x=x_0） \tag{1.7}$$

蠕变特性：它表示给定一个恒定的输入量之后，输出随时间的变化，如图 1.11 所示，用符号 C 表示，其计算值为

$$C = \Delta y_4 / y_0 \tag{1.8}$$

式中，Δy_4 为输入 $x=x_0$、$t=t_1$ 时刻的输出值与 $t=0$ 时刻输出值之差，通常 $t_1=30\mathrm{min}$。

蠕变恢复：它表示给定一个恒定的输入量突然撤销之后，输出随时间的变化，如图 1.11 所示，用符号 C_r 表示，其计算值为

$$C_r = \Delta y_5 / y_0 \tag{1.9}$$

式中，Δy_5 为输入 $x=0$、$t=t_2$ 时刻的输出值与 $t=t_1$ 时刻输出值之差，通常 $t_2=30\mathrm{min}$。

关于传感器的特性，对于不同的传感器有不尽相同的关于特性的描述和计算方法，但是基本原理是相通的。以上特性中，若要准确测知，都需要准确的输入量。对于以力的测量为目的的传感器，其准确输入量只有力值本身，力标准机的作用就是获得准确的输入量。

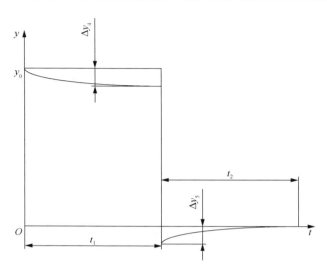

图 1.11　传感器的静态特性

1.6.2　传感器的动态特性

虽然上述静态特性是传感器性能的重要表征，但输入量不随时间变化的情况毕竟是特殊的和有条件的，最一般的情况是所有的物理量都是时变量。这里讨论传感器的动态特性和力标准机的关系与作用问题。

动态特性是传感器的输出量对随着时间变化的输入量的响应特性。传感器输出信号与输入信号随时间的变化一致性是传感器工作的基本需求，为此不但要求传感器有良好的静态特性，还必须具有良好的动态特性[2]。

1. 动态特性的一般数学模型

通常把传感器工作系统视为线性系统，用常系数线性微分方程描述传感器的输入和输出关系：

$$a_n \frac{\mathrm{d}^n Y(t)}{\mathrm{d}t^n} + a_{n-1} \frac{\mathrm{d}^{n-1} Y(t)}{\mathrm{d}t^{n-1}} + \cdots + a_1 \frac{\mathrm{d}Y(t)}{\mathrm{d}t} + a_0 Y(t)$$

$$= b_m \frac{\mathrm{d}^m X(t)}{\mathrm{d}t^m} + b_{m-1} \frac{\mathrm{d}^{m-1} X(t)}{\mathrm{d}t^{m-1}} + \cdots + b_1 \frac{\mathrm{d}X(t)}{\mathrm{d}t} + b_0 X(t) \qquad （1.10）$$

式中，$Y(t)$ 为输出量；$X(t)$ 为输入量；t 为时间；$a_0, a_1, \cdots, a_n$ 及 $b_0, b_1, \cdots, b_m$ 均为常数。

在列出系统的微分方程式后，求解微分方程式即可以得到输出与输入之间的关系。通常根据微分方程式的阶数，传感器工作系统有零阶、一阶和二阶系统。即在上述微分方程式中，常系数只有 a_2、a_1、a_0、b_0 不为零，n 的最大值为 2，$m=0$。

2. 频率特性

对于正弦输入信号 $X = A\sin\omega t$，频率特性表达式为

$$\frac{Y(\mathrm{j}\omega)}{X(\mathrm{j}\omega)} = \frac{B\mathrm{e}^{\mathrm{j}(\omega t + \varphi)}}{A\mathrm{e}^{\mathrm{j}\omega t}} = \frac{B}{A}\mathrm{e}^{\mathrm{j}\varphi} \tag{1.11}$$

式中，A 为正弦输入信号；B 为正弦输出信号的幅值；φ 为正弦输出信号的初相位。

输入输出和频率特性的一般关系如图 1.12 所示。可见，对于频率很低的情况，就幅值而言，无论几阶系统，输出与输入是一致的。因此，利用静态作用力输入信号得到传感器幅值特性，在一定程度上可以替代利用动态作用力输入信号得到的传感器输出幅值特性。

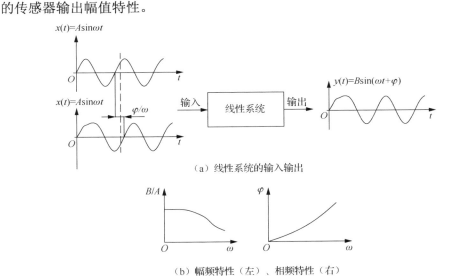

（a）线性系统的输入输出

（b）幅频特性（左）、相频特性（右）

图 1.12　输入输出和频率特性的一般关系

以常见的零阶、一阶、二阶系统为例。

（1）零阶系统频率特性：

$$\frac{Y(\mathrm{j}\omega)}{X(\mathrm{j}\omega)} = \frac{b_0}{a_0} = K \tag{1.12}$$

频率不会影响系统的输入输出特性。

（2）一阶系统幅频特性：

$$\frac{Y(\mathrm{j}\omega)}{X(\mathrm{j}\omega)} = \frac{B}{A} = \frac{K}{\sqrt{1 + \omega^2\tau^2}} \tag{1.13}$$

（3）一阶系统相频特性：

$$\varphi = -\tan^{-1}(-\omega\tau) \tag{1.14}$$

式中，$\tau = a_1 / a_0$，定义为时间常数。

可见，频率越高，输出响应越小；时间常数 τ 越小，输出响应越好。假如使得幅值相对误差不大于 1%，时间常数 $\tau = 10\mathrm{ms}$，则工作角频率 $\omega \leqslant 14.1\,\mathrm{rad/s}$（工作频率 f 约为 2.2Hz）。

（4）二阶系统幅频特性：

$$\frac{Y(\mathrm{j}\omega)}{X(\mathrm{j}\omega)} = \frac{Be^{\mathrm{j}(\omega t + \varphi)}}{Ae^{\mathrm{j}\omega t}} = \frac{B}{A} = \frac{K}{\sqrt{(1 - \dfrac{\omega^2}{\omega_n^2})^2 + 4\xi^2 \dfrac{\omega^2}{\omega_n^2}}} e^{\mathrm{j}\varphi} \tag{1.15}$$

（5）二阶系统相频特性：

$$\varphi = -\tan^{-1}\frac{2\xi\dfrac{\omega}{\omega_n}}{1 - \dfrac{\omega^2}{\omega_n^2}} \tag{1.16}$$

若 $\omega / \omega_n = 0.1$，略去阻尼影响，输出响应幅值相对误差约为 $\delta = 1\%$。现实工作中，大多使用应变式测力传感器，此传感器可以看作是二阶系统。假如一般测力传感器的固有频率为 1kHz，则测量工作频率 100Hz 时，由传感器动态特性产生的测力误差约为 1%。若要测量常见的最高工作频率 300Hz，误差可达 10%。当然，若传感器的固有频率提高到 2kHz，则该误差缩小至 2.3%。

1.6.3　传感器的静标动用

真正实际标定出传感器的动态特性是可以做到的，但并不容易，因为相较于静态稳定量输入的静态特性标定，动态特性的标定需要标准的动态力信号，迄今为止存在设备性能不足、成本过高、精度不高等现实问题。所以在传感器静态特性必须标定的前提下，充分利用这个静态标定结果就是一个必要而实用的问题了。

文献[15]对疲劳试验机计量检定中"静标动用"的问题进行了探讨，指出静标动用的可行性。根据上述分析，无论何种系统，低频工作时，一定程度上，静态特性可以替代动态特性。对常用的二阶系统来说，只要使用的传感器固有频率足够高，静态特性的测量误差完全可以满足动态标定的要求。

参 考 文 献

[1] 赵朝前. 力学计量[M]. 北京: 中国计量出版社, 2004.

[2] 王化祥, 张淑英. 传感器原理及其应用[M]. 天津: 天津大学出版社, 1995.

[3] 郑叶龙. 微小力值测量及溯源理论与方法研究[D]. 天津: 天津大学, 2015.

[4] 刘铮. 杠杆式微小力值测量与溯源方法研究[D]. 天津: 天津大学, 2012.

[5] 李纪强, 刘忠明, 张和平, 等. 三峡升船机大模数齿条试验装置载荷施加与控制策略研究[J]. 制造业自动化, 2014(15): 142-145.

[6] 刘岳兵, 王少华, 何维, 等. 120 MN 桥梁支座试验机新型机架结构设计[J]. 铁道建筑, 2010(8): 21-23.

[7] 世界最大 10 万 t 模锻液压机落户苏州昆山[J]. 液压气动与密封, 2008(6): 66.

[8] admin. 国之重器, 华龙一万吨压剪试验机年底告捷[EB/OL]. (2016-12-28)[2017-1-10]. http://www.hualong.net/qyxw/ywd20161228.shtml.

[9] 任孝平, 王健, 姚弘, 等. 微克质量标准及研究进展[J]. 华中科技大学学报(自然科学版), 2012, 40(s2): 91-97.

[10] 李辰, 韩冰, 贺青, 等. 实现质量量子基准的两种途径[J]. 计量学报, 2014(5): 517-520.

[11] 倪思洁, 唐凤. 国际计量标准开启新纪元[N]. 中国科学报, 2018-11-24(3).

[12] 王宝仁, 徐公达. 高精度重力测量[M]. 北京: 地质出版社, 1995.

[13] 于梅. OIML R60 2000 版"称重传感器计量规程"国际建议浅析及我国采标现状[J]. 企业标准化, 2003(12): 6-9.

[14] 李涛. 不断冲击世界扭矩计量最高水平[J]. 中国计量, 2015(6): 28.

[15] 林晶, 王磊, 王中华. 疲劳机动负荷检定"静标动用"方法的误差分析[J]. 计测技术, 2002, 22(5): 33-34.

2 静重式力标准机

如果说对被施力对象施加一块小砝码，很容易做到甚至谈不上技术问题，但是当构成力标准机时，有许多块砝码需要按照特别的需求施加，在砝码很小或者很大时，技术难题就会充斥整个机器的设计、制造和使用过程。

静重式力标准机作为一种最早应用、具有最精确力值的力学计量仪器设备，其功能、性能已为人们所熟知。本章着重阐述静重式力标准机工作原理、技术方案和措施，这些技术方案与措施是基于基本的力学原理且已被多年实践证明了的实用方法，包括砝码加卸的电动独立加码方法、砝码自由交换技术、控制的形象化人机工作界面以及建立在新技术之上的分立中心吊挂加码方法等。

此外，还贯穿了对设计思路的强调。作者从数十年的教学和科技与工程经验发现，尽管教科书上反复强调了机械设计的基本思路一般遵循以下途径：原理→传动、机构简图→运动和动力分析计算→结构图设计→验算等。尤其是构思阶段的草图设计，对创造性的工程技术而言，往往是十分重要的。它是设计对象遵循工作原理的体现，是结构布局的思考、改善依据，是检验是否符合审美规律的基本模型。任何技术和工程的开创无不是从最初的草图构想开始的。遗憾的是，自觉遵守和灵活运用草图、简图的技术人员却并不多。如果本章及以后的内容，除了能够对相关人员在有关力标准机技术方面有所启发，还能够起到促进设计草图和简图的有效运用的效果，那将是作者梦寐以求的。

2.1 静重式力标准机工作原理

静态标准力是大小、方向和作用位置不随时间变化的力，在力值计量领域用于校准或者比对静态测力仪的输出。广义下的静态力也是时间的函数，只要随时间的变化足够缓慢，产生的作用就不会引起测力仪的位移、变形或者加速度的变化，从而可以用作计量标准的静态力称为标准静态力。相对地球静止的砝码产生的作用力就是静态力，而利用重力放大或者缩小作用产生的作用力，由于转换机构的滞弹性效应这一物理学现象的存在，即使砝码是静止的，但是作用力仍然是变化的，这是准静态力，不过变化速度慢，所以一般也视作静态力。

在现有国际标准力值体系里面，力值的产生包括利用力的动力效应和利用力的静力效应两种方法。1.4 节提及的四种力标准机中，静重式力标准机的原理是直接利用重力砝码，将作用力施加于测力仪或者力值比较器上。根据牛顿第二定律，重力 $G=mg$。

由于地球上确定位置处的重力加速度 g 是个常数，可以精确测定；质量 m 是个可以进行独立精确测量的量值。因此，迄今为止人们把重力作为最准确的力值，用作力的基准或者标准。一般重力加速度的相对测量不确定度可以达到 10^{-9} 量级[2]，质量计量的不确定度水平在 10^{-8} 量级。可见从理论上来说，重力的计量不确定度水平不会高于质量的计量。

第二类和第三类力标准机都是通过放大（或者缩小）方法将重力转换以后的力值作为输出作用力，旨在扩大重力的作用范围。当然由于多了中间转换环节，力值的准确度降低了。

第四类力标准机是基于力的静力学效应，将两个（或者两组）测力仪在同一个力场里面进行比对，通常比对都是在相对静止条件下，按有限点数逐点进行。这里的力场通常是利用机械的或者液压的方式使得承力结构产生变形来实现的。

本章后续内容就是对这四类力标准机进行介绍、分析、探讨和研究，包括工作原理、误差分析、不确定度分析、机械结构、工作控制等方面。尽管这些种类的力标准机已经应用多年了，但是在提高精度、扩大测试范围、提高效率、提高可靠性和使用经济性方面，科学研究和工程应用都还在不断的探索。本书重点是在机械结构、机构原理、工作控制等方面的创新成果的论述。

2.1.1 静重式力标准机的基本原理

静重式力标准机（deadweight force standard machine，DWM）的基本工作原理在一般的力学计量的文献里和试验装备的文献资料里都有论述[1-3]。以砝码重力为力源的静重式力标准机是力值计量领域力值准确度最高的力源装置，据此原理工作的力标准机广泛作为力的基准和标准使用[1-2]。中国、德国、韩国、日本、印度等国家的计算检测部门及高等院校也都对静重式力标准机展开了研究，研究内容主要集中在对加载方法、加载机构和力值准确度等方面[4-14]。经济和科技发展对这种标准力源装置的需求在性能上要求越来越高，包括高精度、高效率和操作方便等方面，传统的静重式标准力源技术与装置已经难以适应这种需求了。本书尝试运用不同的思路、新的技术手段，以求解决这些问题。

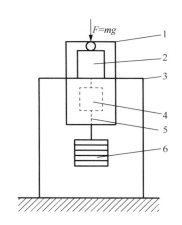

图 2.1　静重式力标准机结构示意图

1-反向器；2-被检压式测力仪；3-机架；4-被检拉式
测力仪；5-吊挂；6-砝码

图 2.1 为静重式力标准机的结构示意图。静重式力标准机在结构上，将砝码的重力通过力反向器加到被检压式测力仪上，图 2.1 中，机架 3 与反向器 1 之间的上部空间为压向工作空间，下部空间为拉向工作空间，分别用于被检压式测力仪 2、被检拉式测力仪 4（注意拉压不可以同时使用，必须分时使用）。通过反向器下部的承载吊杆 5（通常称吊挂）对被检测力仪施加重力砝码 6，根据 $F=mg$，只要知道所加砝码的质量和重力加速度便可计算出作用于被检测力仪的力。根据不同测力仪检测要求[3]，按照一定规则对被检测力仪施加不同质量的砝码，即可实现对被检测力仪的检测。由于砝码质量可以通过高精度天平标定，重力加速度可以视为常数，因此只要力标准机的机械结构、施加（卸载）砝码的方式合理正确，静重式力标准机可以达到很高的力值不确定度，目前国家力基准机的力值准确度可达 0.002%[2-3]。

图 2.1 同时也标示了静重式力标准机的总体机械结构布局形式，即砝码、吊挂、机架，再加上驱动控制系统。其中的机架是承载静重式力标准机的结构主体，全部构件都安装在机架上面；砝码是力源；吊挂是被施加力构件与砝码之间的过渡件；驱动控制系统是带动砝码加卸、其他保证机器工作的驱动以及控制装置总成。图 2.2 为典型的静重式力标准机的结构布局图。

静重式力标准机作为典型的精密仪器设备，单从力值准确度角度考虑，似乎仅仅考虑式（1.1）中的物理因素即可。事实上，工程实际应用中，除了保证力值准确以外，对测力仪而言，快速、经济、可靠和简便地得到力值，不但是测力仪性能检定的要求，同时也是工作效率的保证。同任何工作装置一样，工作可靠、结构简单、操作方便、性价比高等都是几种类型的力标准机设计、制造和使用的基本要求。而这些要求对静重式力标准机来说，主要取决于机械结构和砝码的加卸方法，并依赖于运动机构的复杂程度、运动和动力传递方式、工作过程检测水平和控制技术的应用情况，它们是力标准机设计中最活跃的因素，是现实和未来发展的促进杠杆，是永恒的技术进步主体。可以这样说，机械结构和加卸砝码的方式是保证力标准机工作性能的关键之一。设想，将数百千克、数千千克，甚至更大的质量块，准确、可靠、快速、平稳地施加到一个确定位置上有多么不容易；同样，将一个毫克级，甚至更小的质量块施加到小的构件上仍然是十分不易的事情。总之，精度、效率、可靠、方便、经济等构成了静重式力标准机的根本性能指标的内容。而设备的机械结构、施加（卸载）砝码的方式正是本书关于静重式力标准机论述的主要内容，它以与传统不同的形式呈现，并达到了迄今最好的效果。

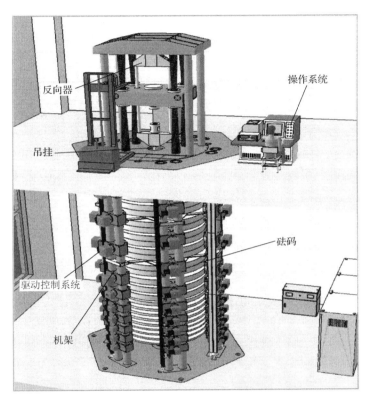

图 2.2　静重式力标准机结构布局图

2.1.2　误差与不确定度分析

作为力的量值产生和传递手段，静重式力标准机本身的输出力误差是它的最基本的性能指标。静重式力标准机的输出力值误差产生包括物理因素和机械结构因素，它们是产生力值不确定度的原因[15]。

考虑物理因素，均质砝码 m 在空气中产生的沿地心引力方向的作用力

$$F = mg(1 - \rho_0 / \rho) \qquad (2.1)$$

式中，ρ、ρ_0 分别为砝码材料密度和砝码所在地的空气密度，kg/m^3。同样地，根据式（2.1）可以计算出已知力 F 时需要的质量

$$m = \frac{F}{g(1-\rho_0/\rho)} \qquad (2.2)$$

假设式（2.1）中构成力值的各项物理量由于计量原因造成的误差为u_f，则由此引起的力值相对不确定度用下式计算：

$$w_{c_0} = \frac{u_f}{F} = \sqrt{\left(\frac{u_m}{m}\right)^2 + \left(\frac{u_g}{g}\right)^2 + \left(\frac{\rho_0}{\rho-\rho_0}\right)^2 \cdot \left(\frac{u_\rho}{\rho}\right)^2 + \left(\frac{u_{\rho_0}}{\rho-\rho_0}\right)^2} \qquad (2.3)$$

式中，u_m为砝码的质量测量不确定度；u_g为砝码所在地重力加速度测量不确定度；u_ρ为砝码材料密度测量不确定度；u_{ρ_0}为砝码所在地空气密度测量不确定度。

综上所有物理因素引起的误差，除了精确计量，唯有u_m和u_ρ是需要特别考虑的两个物理因素。对于后者，在设计力标准机时必须考虑采用密度均匀的砝码材质，通常砝码材料可以采用轧制钢板，大的砝码可以采用离心浇注的办法。就材质本身而言应当具有很好的化学稳定性，以保证砝码质量不随时间而变化。由于化学稳定性好的材质通常是昂贵的贵金属，所以除了小一点的砝码采用不锈钢或者其他贵金属以外，通常大一点的砝码均采取表面防锈处理措施。成功应用的方法包括喷漆（例如中国测试技术研究院的 1MN 国家力基准机、中航电测股份有限公司 500kN 全自动静重式力标准机）、电镀铬镍（中国计量科学研究院的 1MN 静重式力标准机、浙江省计量科学研究院 1MN 电动独立加码静重式力标准机）。实际应用效果表明，它们对于保证质量的稳定性是十分有效的。中国测试技术研究院的 1MN 国家力基准机从 1976 年启用至今没有进行过质量调整（单位转换除外）。作者在实际研制过程中采用过这两种方法，近十年的应用和每年一次的校准比对结果表明，没有明显的误差产生。

考虑机械结构因素，文献[16]把机械结构引起的误差归纳成两种：一是机械结构本身引起重力作用线与测力仪的理论受力中心线的偏离误差δF_1；二是各种原因导致砝码的晃动引起的惯性误差δF_2。假如仅仅存在倾斜情况（图 2.3），倾斜角度α，则前一种误差可以表示为

$$\delta F_1 = -\frac{\alpha^2}{2} \qquad (2.4)$$

倾斜使作用于测力仪上的力值减小了。

对于砝码晃动的情形，可以简化为图 2.4 所示的单摆模型，摆动使力值增加，

$$\delta F_2 = (l/R)^2 \qquad (2.5)$$

式中，R 是对应砝码的质心到支承点的距离；l 是砝码质心摆动的最大距离，如图 2.4 所示。

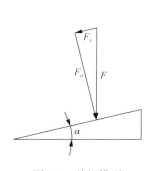

图 2.3 单摆模型

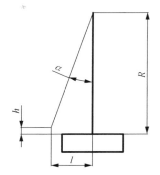

图 2.4 砝码摆动示意图

F_a-力 F 沿测力仪主轴线方向的分量；
F_s-力 F 垂直于测力仪主轴线方向的分量

特别讨论一下关于机械结构因素导致的误差问题。如上所述，倾斜引起误差，同样，无论拉压状态都可能出现不同轴现象，不妨将二者都用倾斜角度来衡量力值误差大小。还有摆动也是误差因素。重要的是如何减小倾斜和不同轴现象，降低晃动幅度。本章把静重式力标准机的结构简化为如图 2.5 所示的力学模型。

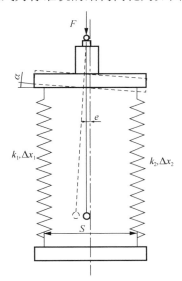

图 2.5 静重式力标准机结构简化力学模型

图 2.5 中，k_1、k_2 分别是支承刚度，Δx_1、Δx_2 分别是相应的变形，S 为间距，e 为偏心距。由于偏心引起倾斜，即变形 Δx_1、Δx_2 不一致，根据静力平衡原理

$$F = k_1 \cdot \Delta x_1 + k_2 \cdot \Delta x_2$$

设

$$\delta = \Delta x_1 - \Delta x_2 , \quad k_1 = k_2$$

则有

$$\delta = \frac{F - 2k_2 \cdot \Delta x_2}{k_1} \approx \frac{F - 2k \cdot \Delta x_2}{k}$$

根据几何原理

$$\alpha \approx \frac{\delta}{S} = \frac{F - 2k \cdot \Delta x_2}{k \cdot S} \tag{2.6}$$

式中，α 反映了倾斜度的大小。由式（2.6）可见，增大结构刚度、减小偏心距、增大尺寸都可以起到减小倾斜的作用，也即减小误差。这应该是力标准机设计时遵循的基本规则。此外，根据式（2.5），增大 R 可以减小摆动误差，但是根据单摆的摆动周期公式

$$T = 2\pi \sqrt{\frac{R}{g}}$$

R 的增大势必会增大周期 T，也即稳定时间会加长。而一般来说，考虑工作空间等因素，$l \ll R$，为了提高工作效率，通常将静重式力标准机的重心尽量抬高，即减小 R 值。所以，目前所见较大规格的静重式力标准机，一般是质心偏上布置，即大砝码靠上布置。只有小规格的力标准机才可见有相反布置的情况。

　　小结：静重式力标准机是利用力的动力学效应工作的，其精度取决于物理和机械结构两个方面的因素；作为精密设备使用的静重式力标准机，基本结构与布局应该符合以下规则，即横向尺寸尽可能增大，大砝码尽量上置，支撑结构刚性尽可能大，几何偏差尽可能小；拉压两个方向的作用力利用反向架切换方向。

2.2　砝码的加卸方法

　　静重式力标准机的砝码加卸速度和平稳度是它工作效率发挥的重要因素。小的砝码可以人工直接放置，但是大的砝码必须借助机械的力量。为此，工程师创造了若干加卸砝码的办法，包括串联顺序加卸、任选砝码专门提升机构加卸等。其中串联顺序加卸砝码的方式是最传统的加卸载方式[16]，它是按照固定的顺序、

规定的方法将机器上的砝码依次施加到一个中心吊挂上。砝码的上下直线运动通常采用机械或者液压传动方式实现，并由位置检测元件确定加卸砝码的状态。位置检测元件一般是位置开关或位移传感器。这种传统方法原理简单，但是存在效率低下、容易刮碰砝码、难以实现自动化等缺点。

20 世纪 70 年代，中国测试技术研究院研发了 1MN 静重式国家力基准机[17]，它采用如图 2.6（a）所示的任选砝码专门提升机构加卸的方式，同一时代，德国联邦物理技术研究院（Physikalisch-Technische Bundesanstalt，PTB）1MN 静重式力标准机[6]也采用了任选砝码专门提升机构加卸的办法。PTB 的设备是当时世界上先进的静重式力标准机之一，该机实现了工作自动化，并且具有砝码自动交换的功能。任选砝码专门提升机构加卸方式的基本原理是，选中某（几）块砝码后，提升机构提升这些砝码，使之脱离机架上的安装位置，接着移开机架上承载砝码的机构，然后提升机构下降将砝码放置到中心吊挂上，如此完成砝码的施加动作。卸除砝码的过程是上述过程的反过程。图 2.6（b）是德国 PTB 的静重式力标准机的上部结构图片。图 2.7 是德国 PTB 静重式力标准机的结构组成和工作原理图。同样的设备在中国计量科学研究院也有一台[18]，二者的差别在于底部预加载、移动笼的驱动，PTB 设备是采用液压驱动方式，而中国计量科学院的设备是采用机械驱动方式。

（a）1MN 静重式国家力基准机　　　　　　（b）1MN 静重式力标准机上部结构（PTB）

图 2.6　任选砝码专门提升机构的 1MN 静重式标准力源装置

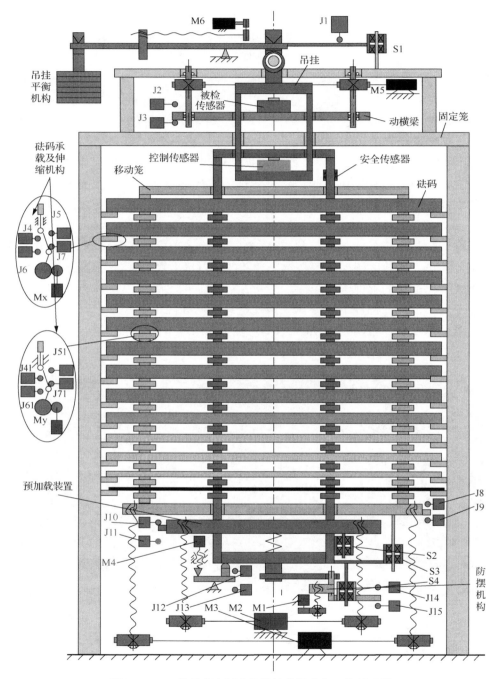

图 2.7 PTB 静重式力标准机的结构组成和工作原理图

M 表示电动机及减速装置；J 表示行程开关或接近开关；S 表示差动变压器式位移传感器

以图 2.7 为例说明这类力标准机的结构和动作过程。

设备的主要组成部分：固定笼（也称机架）、移动笼、移动笼驱动控制系统（在控制柜中）、吊挂、防摆机构、砝码、砝码承载及伸缩机构（固定笼和移动笼上都有安装）、预加载装置、吊挂平衡机构、移动横梁（也称动横梁）。

机架：是承担砝码重力、安放被检传感器和其他工作装置的主体，在非工作状态时所有砝码都通过固定笼上的砝码承载及伸缩机构平放在机架上。固定笼上的三块砝码承载及伸缩机构在固定笼上圆周方向均布。

移动笼：是加卸砝码专用的升降机构，在移动笼上圆周方向均布位置处也有三块砝码承载及伸缩机构，和固定笼上的砝码承载及伸缩机构在 360° 范围内均布。移动笼伺服驱动系统驱动移动笼整体上下直线运动时，选定的砝码随着移动笼上的砝码承载及伸缩机构一起动作。

移动笼驱动控制系统：是由伺服驱动系统经传动机构实现移动笼做上下直线运动的驱动控制装置。

吊挂：是砝码对被施加力的测力仪施加作用力的载体。砝码放置到吊挂托盘上以后，砝码的重力即作用到了测力仪上；反之，重力被卸下。砝码的加卸由移动笼完成。

防摆机构：是防止或者减小在砝码加卸过程中吊挂晃动的机构，在砝码加卸完成之后通常会移除，也可以不移除，但是它不会影响作用力的大小。

砝码：100kN 砝码 9 块，50kN 砝码 1 块，20kN 砝码 2 块，10kN 砝码 1 块，5kN 砝码 1 块。

砝码承载及伸缩机构：是安装在固定笼和移动笼上用以支撑砝码的机构，它由电动机驱动，利用曲柄滑块原理形成伸缩机构，并由检测开关检测滑块的运动位置。加载工作时，先选定加载砝码，移动笼上选定的砝码承载及伸缩机构伸出，带动选定的砝码向上运动，之后固定笼上选定的砝码承载及伸缩机构收回，移动笼带动选定砝码向下移动时，砝码落在吊挂托盘上；卸载工作时，先选定卸载砝码，移动笼上选定的砝码承载及伸缩机构伸出，带动选定的砝码向上运动，之后固定笼上选定的砝码承载及伸缩机构伸出，移动笼带动选定砝码向下移动时，砝码落在固定笼上选定的砝码承载及伸缩机构的滑块上。

预加载装置：基本工作原理是在砝码交换时，预加载装置向下运动，对吊挂施加方向相反而大小相同的作用力，产生的力值和即将卸载的力值保持平衡，保持由传感器检测的作用力不变。下一级加载时，再往吊挂上施加新的砝码，完成施加过程的同时由预加载装置释放先前施加的载荷，目标值是下一级新的力值。移动笼和预加载装置分别由大功率伺服电机 M2、M3 驱动。这种砝码交换的方法经实践证明效果不佳，存在精度低、时间长的缺点，所以后续的静重式力标准机中应用很少。

吊挂平衡机构：吊挂本身的重力由设置在机器顶部的杠杆平衡机构实现平衡，即吊挂的作用力不作为砝码作用力的一部分。吊挂的重力由左侧的平衡砝码利用杠杆原理平衡掉。由电动机 M6 驱动一个小砝码沿着杠杆臂长度方向移动，可以对初始平衡状态进行调整。杠杆的平衡状态由传感器 S1 检测。

动横梁：动横梁的运动由伺服电机 M5 驱动。静重式力标准机工作时，安装完被检测力仪后，动横梁上升到一定位置，使吊挂部分悬空，不刮碰，这样吊挂的重力全部施加在被检测力仪上。测力仪检定结束后，横梁下降，使测力仪和反向架脱开，结束检定过程。

尽管上述砝码加卸技术方法在当时是先进的，应用实例也很多。比如中国航空工业集团公司北京长城计量测试技术研究所（航空三〇四所）的 300kN 静重式力标准机、中机试验装备股份有限公司（原机械工业部长春试验机研究所）500kN 静重式力标准机、中国航天科技集团公司第一研究院 102 所 1MN 静重式力标准机等。但上述砝码加卸方法机械结构复杂、控制系统复杂，且工作效率较低。一种新的砝码加卸方法——电动独立加码方法于 2006 年发明[16]，该方法具有高效、高精度、力值范围宽、结构简单和操作使用方便等特点。对最传统的加码方式进行改良的技术措施于 2014 年实施。

需要对图 2.7 做一下特别解释，它是德国申克（SCHECK）公司 1986 年生产的设备的示意图，于 1987 年由当时的长春衡器厂购得。遗憾的是，这台轰动全国的贵重设备直至 2014 年才发挥作用。其中一个重要原因是，其复杂程度超乎人们的想象，对设备的工作原理、结构组成、操作使用等，人们的理解莫衷一是。这是一台高度约 12m、直径约 5m、质量约 170t，由内外两层钢笼包围起来的庞大设备。设备中心有 14 层砝码，单块最重 10t，最轻 500kg。设备顶部包括砝码平衡杠杆系统（最大平衡砝码 6t）、工作平台升降系统、动横梁运动驱动控制系统。下部包括由功率达 20kW 的大功率交流永磁同步伺服电机驱动的移动笼和预加载驱动控制系统。设备上布满位置和力检测传感器。其电控系统采用了 20 世纪 80 年代最先进的电子控制技术，驱动着几百个多种类型的电动机工作，接收来自数百个传感器和检测器件的信号。

图 2.7 将庞大而复杂的设备进行结构抽象，以工作原理为主线，以表达清楚设备的结构组成为目的。根据静重式力标准机的一般规律，其组成不外乎砝码、吊挂、机架、驱动与控制系统。图中，用矩形框表示砝码，相同的砝码用相同的矩形框，小砝码矩形尺寸小；吊挂则根据实际结构，对其进行简化。实际上，该设备的吊挂是由三根立柱平行放置，由上至下贯穿全部砝码，横截面内均匀分布。吊挂的顶部是反向架，中间安装拉式测力传感器，底部尾端与防摆机构连接。简化画法用一个大的矩形长条框表示吊挂的结构，上下部分均用矩形条框表达结构形式。对应每一块砝码，吊挂上都有一个托盘，用于放置砝码，图上用小矩形表

示。机架布置在机器的外围，用大的长条矩形框表示。机架对应每一块砝码也都有一组托盘，用于存放砝码。托盘用小矩形框表达。机架除放置砝码以外，还是吊挂的支撑主体。它支撑吊挂是通过一套杠杆平衡系统实现的。杠杆平衡系统的一端吊着吊挂，另一端是平衡砝码。设备的驱动控制系统包括移动笼驱动控制、动横梁驱动控制、砝码托盘驱动控制、平衡杠杆驱动控制、砝码交换控制等。移动笼位于砝码组的周边，与机架平行。它可以做上下可控移动，运动的驱动由底部的伺服电机、丝杠螺母机构实施，运动的检测由传感器完成。将这些机构、装置用符号表示、绘出。同样，对应每一块砝码，移动笼都有一组托盘，用小矩形表示。动横梁的驱动控制也是由伺服电机带动丝杠螺母副实现的。移动笼和机架上的每一块砝码托盘有在位、脱离两个工作位置，它们是通过曲柄滑块机构由电动机带动实现托盘动作的，并有位置开关检测。平衡杠杆的驱动控制是通过两套丝杠螺母机构，分别由直流伺服电机驱动的。砝码交换驱动控制系统位于吊挂的下部，被一套丝杠螺母机构位移控制，由伺服电机驱动。这些机构和装置均以简图、符号的形式绘制在其工作位置区域。配以适当的文字说明，由此形成表达这台静重式力标准机工作原理和结构组成的简图。

　　这样的简图，在后期也作为控制计算机屏幕上的人机界面的一部分，借助动画技术、触屏技术，使得设备在工作时可以形象地标示系统各个部分的动作和状态，使用者能够一目了然地了解设备的工作状况，操作、监控可以在一张画面上实现。通过简图上的各个符号的位置、颜色、闪烁等，操作使用者可以很清晰地观察到设备整体的工作状态。

2.2.1　电动独立加码方法

　　独立加码，即每一块砝码通过各自的驱动机构实施独立的加卸载动作，从而可以使机器上的砝码任意组合，单独或者成组地对被检测力仪施加作用力。因而可以使加卸砝码时间尽可能缩短，测力范围尽可能扩大，砝码组合自由度大大增加。

1. 基本动作原理与结构形式

　　由于静重式力标准机加卸砝码的动作是一个简单的垂直直线运动，任何可以实现直线运动的机构都可以充当独立加码的驱动机构，本书涉及的电动独立加码方法是由电动机驱动凸轮机构的动作方式，这是最简机构形式，将其称为电动独立加码方法，独立加砝码原理如图 2.8 所示[16,19]。由电动机驱动凸轮机构转动，带动托架做升降运动，托架上放置砝码。当托架（实际上就是滑块）升降时，砝码随之升降，实现砝码在吊挂上的加卸动作。

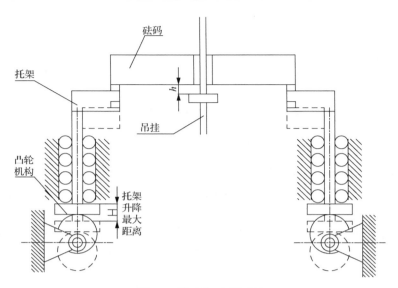

图 2.8　独立加砝码原理

凸轮回转 360° 角位移，可以带动砝码升降各一次。若将凸轮带动滑块处于最高和最低两个位置分别作为砝码卸下和加上的终端位置，在这两个位置处凸轮具有自锁功能，由此凸轮处于这两个位置时均可以支撑砝码保持状态不变。

初始状态：由一个偏心轮构成的凸轮使托架连同砝码处于最上部，两侧的托架把砝码支撑住，吊挂则处于自由状态，其上的托盘与砝码之间有一初始距离 h。

加砝码：电动机驱动凸轮机构转动，带动托架向下运动，托架上放置的砝码随之下降，直到砝码与吊挂上的托盘接触并被托住，这时砝码的重力就施加在吊挂上了，随后托架继续向下运动（无载荷空行程）直至最底端位置。托架的这一空行程理论值为托架的最大升降距离 H 的一半。托架的这一空行程越大，越有利于防止吊挂与砝码之间和砝码与砝码之间产生刮碰现象。因被检测力仪及其他构件受力变形，使两块砝码之间以及吊挂托盘与砝码之间的初始距离 h 减小，因而该空行程值减小，所以该空行程的最小值不应小于上述变形值。

卸砝码：电动机驱动凸轮机构转动，带动托架向上运动，直到托架与放置在吊挂上的砝码接触并把砝码托起，这时砝码的重力就由托架承受了，随后托架带动砝码继续向上运动直至最顶端位置。托架从吊挂上托起砝码之前的这一行程理论值与上述加砝码过程中托架脱离砝码向下运动的空行程相同。

如图 2.9 所示的多砝码独立加砝码原理，多层砝码可以根据需要或同时、或分时、或按照某种规则加卸载。托架的行程取决于凸轮的偏心量，升降的速度取决于驱动电动机的转速和减速机构的传动比。只要电动机的功率足够大，再通过适当的控制方法，可以实现砝码快速、平稳加卸，保证测力仪检测对加荷时间的要求。通过不同的砝码自由组合，可以实现最大限度的负荷级数，扩大使用范围。

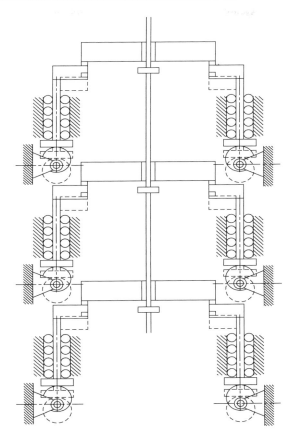

图 2.9　多砝码独立加砝码原理

　　电动驱动有利于实现数字化控制，由于砝码可独立加卸，对驱动功率要求大大降低。电子技术、电动机技术的发展进步，为电动驱动提供了技术和价格基础。凸轮升降机构结构简单，加之每一层砝码的驱动结构相似，设备的功能基本上取决于控制装置。因而设备具有造价低、自动化程度高、易于维护、结构简单、可靠性高等优点。

　　特别强调，基于这一思路的工作装置，其中的凸轮机构，凡属相对运动部分均可以采用滚动摩擦形式，比如回转运动采用的滚动轴承，直线运动采用的直线导轨或者轴承和滚珠丝杠螺母副，它们都可以做到自润滑。电动独立加码装置中，除了凸轮机构，驱动用的电动机以及减速机，都可以做到不需要维护。按照同样的道理，在力标准机中，所有的工作部分均可以采用这些技术措施。不需要维护的传动形式中还有一类，就是同步带传动。只要设计合理，这些装置、器件、零件在其寿命期内均不需要更换，运用这些思路和技术，保证力标准机工作免维护就是完全可能的了。事实上，这些在后续实例中都做到了。

2. 砝码加卸动作规律分析

快速平稳加卸砝码是力标准机工作的目标之一。由于砝码升降运动是由托架带动完成的，升降运动的规律由凸轮和电动机转速共同决定，考虑到结构简单原则，凸轮采用偏心轮，电动机采用具有恒定转速的永磁同步电机。如此，托架升降的位移及运动规律如图 2.10 所示。

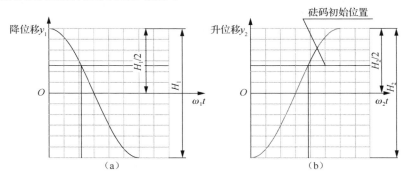

图 2.10　托架升降的位移及运动规律

根据机械运动原理，由凸轮机构驱动的托架升降过程，符合下述谐波运动规律。

加砝码过程托架下降运动位移［图 2.10（a）］：

$$y_1 = \frac{H_1}{2} + \frac{H_1}{2}\cos\theta, \ \theta = \omega_1 t \tag{2.7}$$

卸砝码过程托架上升运动位移［图 2.10（b）］：

$$y_2 = \frac{H_2}{2} - \frac{H_2}{2}\cos\alpha, \ \alpha = \omega_2 t \tag{2.8}$$

式中，H_1、H_2 分别是加卸砝码过程托架的最大位移；ω_1、ω_2 分别是托架下降和上升时凸轮（亦即电动机）的角速度。［图 2.10 中 H_1、H_2 统一用 H 表示，ω_1、ω_2 统一用 ω 表示。］

这种谐波运动规律，托架带动砝码运动至最高点和最低点运动速度为

$$y_1' = y_2' = 0 \Big|_{\substack{\theta=0,\theta=\pi \\ \alpha=0,\alpha=\pi}} \tag{2.9}$$

即在最高点和最低点附近运动速度很小，接近于 0，有利于托架带动砝码平稳启动和停止，减小冲击。

托架带动砝码运动加速度为

$$y_1'' = y_2'' = y_{\max}'' = |\frac{H}{2} \cdot \omega^2\|_{\substack{\theta=0,\theta=\pi \\ \alpha=0,\alpha=\pi}} \tag{2.10}$$

ω 的变化会造成加速度的变化，从而使力值波动，波动的幅度：

$$\Delta P_{\max} = m \cdot y''_{\max}$$

相对幅度：

$$\delta P_{\max} = \frac{y''_{\max}}{g}$$

以加载 10s（即周期为 20s）、幅值 15mm 为例，相对幅度 $\delta P_{\max} \approx 0.015\%$，可见，电动独立加码方式中，砝码加速度对力值的影响可以忽略。

但是这种运动规律，在 $\theta = \alpha = \pi / 2$ 处，速度有最大值。而这个位置一般最接近砝码与托架的解除或者脱离状态。因此托架带动砝码往吊挂上放置的过程初始时，和托架从吊挂上取下砝码的初始时由于砝码质量较大，根据动量原理，可能发生冲击现象，因此必须设法减小冲击力。冲击会对引起设备的振动，对力值计量的影响表现在砝码对吊挂施加了额外的作用力。如果说对设备的冲击完全可以通过托架与砝码接触区域的弹性得以解决，只要弹性足够好（这在工程上是可以做到的），那么砝码对吊挂的作用过程一般没有办法通过弹性过度来解决，仅有的是吊挂系统固有的、变化的刚度。

将砝码施加到吊挂上，从接触开始到完全施加上的过程，加砝码的冲击模型如图 2.11 所示。

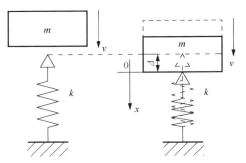

图 2.11 加砝码的冲击模型

这是一个单自由度无阻尼振动系统。建立坐标系，Δ 是由于重力 mg 的作用而产生的初始位移。按初始条件 $x(0)=\Delta$，$x'(0)=v$，建立运动微分方程式，并求解得[20]

$$x = \frac{v}{\omega_n} \sin \omega_n t$$

$$x = -\Delta \cos \omega_n + \frac{v}{\omega_n} \sin \omega_n t = \sqrt{\Delta^2 + (\frac{v}{\omega_n})^2} \cos[\omega_n + \tan^{-1}(\frac{v}{\Delta \cdot \omega_n})] \qquad (2.11)$$

式中，$\omega_n = \sqrt{\dfrac{k}{m}}$。

式（2.11）是一个谐振曲线，事实上，由于阻尼始终是存在的，所以最大可能振幅为 $\sqrt{\Delta^2 + (\dfrac{v}{\omega_n})^2}$ ，因而最大作用力为

$$P_{\max} = k \cdot \sqrt{\Delta^2 + (\frac{v}{\omega_n})^2}$$

其增加值即为力的波动：

$$\Delta P_{\max} = k \cdot \sqrt{\Delta^2 + (\frac{v}{\omega_n})^2} - k \cdot \Delta$$

系统的刚度可以视为

$$k = \frac{mg}{\Delta}$$

得到最大相对冲击力表达式：

$$\delta P_{\max} = \frac{\Delta P_{\max}}{mg} = \frac{k \cdot \sqrt{\Delta^2 + (\frac{v}{\omega_n})^2} - k \cdot \Delta}{mg} = \frac{\frac{mg}{\Delta} \cdot \sqrt{\Delta^2 + (\frac{v}{\omega_n})^2} - k \cdot \Delta}{mg}$$

$$= \sqrt{1 + (\frac{v}{\Delta \cdot \omega_n})^2} - 1 = \sqrt{1 + \frac{v^2}{\Delta \cdot g}} - 1$$

可见，冲击力与速度 v 和固有频率成正比，与变形量成反比。这个表达式和结论适用于砝码加卸的基本情况。假设仍然以上述例子为例，取最大速度为这里的 v ，计算得 $v = 0.0047\text{m/s}$ ，又取 $m = 100000\text{kg}$ 为设备的最大砝码重力，此时 $\Delta = 2\text{mm}$ ，则最大相对冲击力

$$\delta P_{\max} = 0.056\%$$

3. 驱动控制与结构原理

由电动机带动凸轮使托架带着砝码完成加卸动作，托架的运动规律由电动机和凸轮决定。运动的起始和停止只需要发出开关信号即可，采用可编程逻辑控制器（programmable logic controller, PLC）控制（或微机控制），由接近开关发出到位信号实现。凸轮的驱动，理论上可以采用任何形式的电动机，条件是由电动机驱动的凸轮机构必须具有自锁功能，以保证机构在停止工作位置具有承受砝码重力的能力。若电动机采用永磁同步电机，具有转速恒定、无过电流现象的优点。恒定的转速可以保证一块砝码的多个支撑托架同速运动，无过流现象可以使电动机控制装置降低保护需要，电动机功率较小时，可以利用 PLC 输出点直接驱动，大大简化了控制系统的结构。

图 2.12 给出了一种电动独立加码的结构形式和功率计算模型。

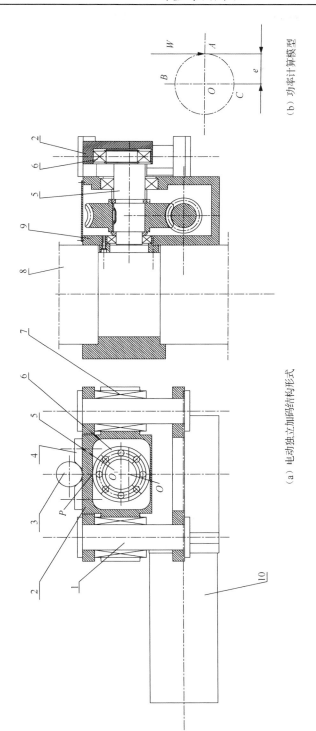

（a）电动独立加码结构形式

（b）功率计算模型

图 2.12 电动独立加码的结构形式和功率计算模型

1-导向柱；2-滑块（砝码托架）；3-支撑柱；4-V 形块；5-偏心轴；6-滚动轴承；7-滚针轴承；8-支撑机架；9-减速机系统；10-电动机

如图 2.12（a）所示，沿着导向柱 1 做上下直线运动的滑块（砝码托架）2，由当作偏心轮的偏心轴 5 通过滚动轴承 6 驱动。偏心轴 5 由电动机 10 经减速机系统 9 驱使绕中心线 O 转动，滚动轴承 6 在绕着偏心轴 5 中心线 O_1 转动的同时，沿着滑块 2 的下表面做左右滚动移动。与滑块 2 接触点 P 的运动轨迹是一个平面内半径为偏心距 e 的圆，如图 2.12（b）所示。若偏心轴转动 360° 为一个周期，设最高点为 B，事实上，在半个周期内，即可带动滑块完成由最高到最低的运动过程。减速机系统与支撑机架 8 紧固，导向柱 1 固定在减速机装置上，为减小摩擦，导向一般采用滚动摩擦副。滑块 2 的运动通过固定在砝码上的支撑柱 3 带动砝码运动，为了导向需要，与砝码接触部分的滑块部位可采用 V 形截面结构，同时 V 形截面构件一般为弹性元件，还起到减振的作用。由于减速机采用的是具有自锁能力的蜗轮蜗杆减速机，保证了自锁功能的基本要求。凸轮机构的所有相对运动部位均采用滚动摩擦副，保证工作效率在 90% 以上。

假设砝码的重力为 W，由偏心轮构成的凸轮机构运动至最高点 B 和最低点 C 时的驱动扭矩为 0，点 A 处所需扭矩最大。点 B 到点 C 的距离是加卸砝码的行程。以目前静重式力标准机状况为例，一般单块砝码重力不大于 100kN，行程 40mm 即足以满足加卸砝码的需求，10s 加卸砝码说明速度已经很快了。如不计损耗，计算得最大扭矩为 2000N·m，最大瞬时功率约为 628W。可见需要的驱动功率很小，不过需要的扭矩较大，所以对于质量较大的砝码需要采用减速机。当然对于质量较小的砝码，可以直接选用微小减速电机，例如某静重式力标准机的其中一层砝码为 1kN，行程 30mm，加载时间 10s，每层砝码两个托架，则需要的电动机理论最大功率为 5W，输出扭矩 15N·m。

2.2.2　分立中心吊挂加码

传统的砝码顺序加卸方法，俗称"串糖葫芦"，通常由两个电动机驱动，一个电机用于横梁移动，另一个电动机驱动相关机构，依次将叠置在一起的砝码施加到吊挂上，实现对测力仪的加载。砝码是否加卸到位，利用驱动机构的移动位置判定，通常都采用位置开关完成。

这种传统的砝码加卸方式，虽然在砝码加卸速度慢、灵活性差的缺点，从而会使设备体积庞大、结构复杂、功能减少、性能降低，即使如此，在经过新技术改造后，对功能需求单一的使用者来说，由于可以制作结构和控制系统极其简单的设备，仍然可以解决在不失精度的前提下减低一次性成本的问题，有相当的应用空间。

分立中心吊挂静重式加载方式采用与传统"串糖葫芦"的叠置方式相似的加载过程，但是进行以下改革：第一，驱动机构的动力采用伺服电机，如此，运动的直线位置可直接利用电动机的编码器检测确定，省去了位置监测系统；第二，可采用单横梁移动，设备的全部动作由一个伺服电机驱动即可。反向架和吊挂杆连同砝码依规则顺序加卸，分立中心吊挂静重式加载装置组成与传动原理如图 2.13 所示。

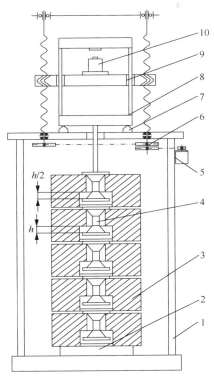

图 2.13　分立中心吊挂静重式加载装置组成与传动原理图

1-固定框架；2-砝码吊挂托盘；3-砝码；4-吊挂；5-伺服电机；
6-传动系统；7-支座；8-反向架；9-动横梁；10-传感器

　　在分立中心吊挂静重式加载装置初始状态时，反向架放置在支座上。反向架下部的吊挂与第一块砝码之间的距离一般不大于 h，通常为 h/2，第一块砝码自身也带一吊挂，与第二块砝码间的距离为 h，第二块砝码自身所带吊挂与第三块砝码间的距离为 h，以此类推，最后一块砝码自身没有吊挂。动横梁经传感器带动反向架每完成位移 h，便加（或卸）一块砝码。

　　工作时，被检传感器安放于动横梁上，伺服电机带动传动机构使动横梁向上移动，传感器与反向架接触后，反向架、吊挂及吊挂上的重力便施加在被检传感器上了。伺服电机继续运行，则反向架、第一块砝码、第二块砝码……依次按照加载要求将重力施加在被检传感器上了。只要计量位移准确即可以正确加卸砝码，只要横梁移动速度足够快，即可以实现高效率工作。卸载砝码的动作则相反，伺服电机向反方向运行，依次把最后一块砝码、倒数第二块砝码、倒数第三块砝码……反向架放回原位。这类装置在加载时，一定是按照砝码从上到下的顺序完成的，卸载时一定是按照砝码从下到上的顺序进行的。

设备的结构只是数块砝码的有序叠加，除了承受载荷的机架和中间转换机构——吊挂以外，不需要任何其他结构件；全部动作仅仅需要控制一台伺服电动机的直线运动位置。因而，这种设备特别适合于对加载功能要求比较单一的生产企业批量生产使用，具有因简单而造价低、工作可靠的突出特点。

小结：砝码加卸是静重式力标准机的基本动作，砝码加卸的方法包括独立加码和非独立加码两类。其中电动独立加码办法具有独特的高效、简单、易于控制的优点。独立加码是实施砝码交换的必要条件。砝码交换具有更好的砝码利用效率，且有助于简化机器结构。而非独立加码方法中，基于伺服电机驱动控制的分理中心吊挂加码方法是一种简化结构的有效措施。

2.3　几个关键技术问题与解决方法

2.3.1　砝码交换问题的解决措施

1. 砝码交换及其优点

当静重式力标准机做递增（或递减）负荷试验，从某级力值加载到另一级力值的过程中，由于可能在剩余的砝码中找不到适合下一级力值的某（几）块砝码，首先需要卸下原已加上的某（几）块砝码，然后再加上另外合适的砝码，达到欲施加力值的要求，此时砝码需要进行逆程交换（或者叫倒换砝码、交换砝码、倒码）。

传统设备中，同一块砝码在不同的力值组合中只能使用一次，即在一个加载实验循环中，某块砝码一旦被选用，以后的载荷组合中就不能再使用它。因此，为实现尽量多的力值组合不得不增加砝码的数量，由此带来设备体积庞大、结构复杂、力值组合级数少等问题。根据由 1、2、2、5 或 1、1、2、5 规则将系列小质量砝码组合传递到大质量砝码的原理，当砝码由小到大组成不同的力值时，这些砝码可以分时使用，从而达到以较少数量的砝码组合成较多级力值的目的，这就需要进行砝码交换。理想中的交换砝码过程的效果像直接施加砝码过程一样，则采用砝码交换法施加载荷不会对设备的计量检测结果造成影响，在砝码交换过程中，关键是保证力值波动尽量小以及砝码交换过程满足国家标准对加荷时间的要求。

交换砝码就是在从某级载荷加载到另一级载荷的过程中，需首先卸下原来已加上的某（几）块砝码，然后再加上另外合适的砝码，达到欲施加力值的要求。例如，一台 100 kN 的静重式力标准机，若取砝码组合为 0.5kN（吊挂）、0.5kN、1kN、2kN、2kN、5kN、10kN、20kN、20kN、40kN，共计 9 块砝码，总重力 101kN，可以组合成最小力值为 0.5kN，最大 100kN，级差 0.5kN 共 200 级的力值组合。对这些砝码进行编码，吊挂=⊕，0.5kN 砝码=①，1kN 砝码=②，2kN 砝码 1=③，

2kN 砝码 2=④，5kN 砝码=⑤，10kN 砝码=⑥，20kN 砝码 1=⑦，20kN 砝码 2=⑧，40kN 砝码=⑨。砝码组合构成各种力值组的示例列于表 2.1。其中的+号表示加上砝码，-号表示卸下砝码。

表 2.1（a）　　砝码组合构成各种力值组示例

5kN 测力仪 10 级载荷（均分）	0.5kN	1kN	1.5kN	2kN	2.5kN	3kN	3.5kN	4kN	4.5kN	5kN
施加在测力仪上的标准力值	⊕	⊕+①	⊕（-①）+②	⊕+①+②	⊕（-①-②）+③	⊕+①+③	⊕（-①）+③+②	⊕+③+②+①	⊕+③（-②-①）+④	⊕+③+④+①

表 2.1（b）　　砝码组合构成各种力值组示例

100kN 测力仪 10 级载荷（均分）	10kN	20kN	30kN	40kN	50kN	60kN	70kN	80kN	90kN	100kN
施加在测力仪上的标准力值	⊕+①+③+④+⑤	⊕+①+③+④+⑤+⑥	⊕+①+③+④+⑤（-⑥）+⑦	⊕+①+③+④+⑤+⑦+⑥	⊕+①+③+④+⑤+⑦（-⑥）+⑧	⊕+①+③+④+⑤（-⑥）+⑦（-⑧）+⑨+⑥	⊕+①+③+④+⑤+⑦（-⑧）+⑨+⑥	⊕+①+③+④+⑤+⑦+⑨（-⑥）+⑧	⊕+①+③+④+⑤+⑦（-⑥）+⑧	⊕+①+③+④+⑤+⑨+⑦+⑧+⑥

表 2.1（c）　　砝码组合构成各种力值组示例

50kN 测力仪 5 级载荷（均分）	10kN	20kN	30kN	40kN	50kN
施加在测力仪上的标准力值	⊕+①+③+④+⑤	⊕+①+③+④+⑤+⑥	⊕+①+③+④+⑤（-⑥）+⑦	⊕+①+③+④+⑤+⑦+⑥	⊕+①+③+④+⑤+⑦（-⑥）+⑧

2. 砝码交换方法

砝码交换方法的核心问题是避免如图 2.14 所示的施加砝码的逆负荷现象。理想的施加负荷曲线是图中的实线，但是一般交换砝码时会出现施加的目标负荷小于初始负荷的现象，如图中虚线所示，这时因为在交换砝码的过程中，卸载砝码的过程先于加载砝码的过程开始实施，它的波动 δ 值越小越与理想状态相近。

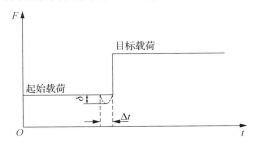

图 2.14　施加砝码的逆负荷现象

逆负荷对于测力仪的计量毫无疑问是有影响的，可以设想如果 δ 值足够大，会使得测力仪受到小至 0 的负荷；如果时间 Δt 足够长，图 2.14 的曲线就是递增加载的原始定义了。但是这两个值到底多大是允许的，即不影响力值检测，没有查阅到文献的论述。从道理上来说，逆负荷引起力值检测误差是由被测试件的蠕变和滞后特性引起的。根据作者近三十年的实验，经验数据表明，至少以下结论是正确的：对于电阻应变式测力仪，如 C 级测力传感器，在当载荷逆程幅值不大于当级载荷 5%、加载时间在 R60 建议的规定以内的情况下，没有发现明显的影响迹象。所以，虽然逆负荷值越小越好，但能达到 5%就不会对计量结果产生影响。

　　砝码交换方法的基本思路是在砝码交换过程中，采取措施维持初始载荷基本不变，或者不小于初始载荷单调上升。已经采取过的方法包括上述 PTB1MN 静重式力标准机的采用预加载的方法和文献[21]、[22]的方法。

　　1）采用预加载的方法[23]

　　预加载的过程在 2.2 节中做了详细说明。设系统为线性的，则如图 2.5 所示的静重式力标准机进行砝码交换时的力学模型如图 2.15 所示。

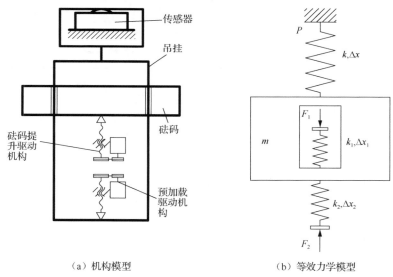

（a）机构模型　　　　　　　　　　　（b）等效力学模型

图 2.15　砝码交换过程的机构模型和力学模型

　　图 2.15 中，k 为吊挂和传感器系统的综合等效刚度；Δx 为吊挂和传感器系统受力后的变形量；k_1 为预加载装置的综合刚度；Δx_1 为预加荷装置和传感器系统受力后的变形量；k_2 为砝码提升框架系统的刚度；Δx_2 为砝码提升框架系统的变形量；P 为对系统施加的作用力。

　　根据胡克定律，卸砝码 W 保持力值不变的原理如下。

　　初始状态：

$$P=F_0+W=k \cdot \Delta x, \quad \Delta x_1=\Delta x_2=0, \quad F_1=F_2=0$$

式中，F_0 为除砝码 m 重力以外的其他砝码作用力；W 为砝码的重力，$W=mg$。

砝码的交换过程分为两部分，即卸下原砝码、加上新砝码。交换过程中不应引起不希望的力值波动，静力关系为

$$P = k \cdot \Delta x - k_2 \cdot \Delta x_2 + k_1 \cdot \Delta x_1 = F_0 + W - F_2 + F_1 \approx F_0 + W \approx F_0 - F_2 + F \approx 常数$$

等效力学模型如图 2.15（b）所示，建立动力学方程式

$$mx'' + kx = F_1 - F_2 = F_1(t) - F_2(t) = F(t)$$

这是一个有两个输入的二阶强迫振动系统，可以视为任意激励的无阻尼强迫振动。其解的表达式[20]为

$$x = \frac{1}{m\omega_n} \int_0^t F(\tau) \sin \omega_n (t - \tau) \mathrm{d}\tau$$

在求得 x 最大值后，它与刚度的乘积即为力值的波动。上述输入 F_1、F_2 的作用，实质上都是为了减小 x 的幅值，这通过控制系统实现。图 2.16 为控制系统框图。

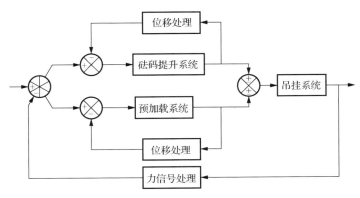

图 2.16 控制系统框图

在一台 10kN 静重式力标准机上进行试验，结果表明这个方法是可以做到对砝码交换的技术要求的。10kN 静重式力标准机包含 4 块 2kN、1 块 1kN、1 块 500N、2 块 200N 和 1 块 100N 的力值砝码，进行一组 200N～2kN 递增、递减序列负荷试验。砝码以 1、2、2、5 方式进行组合，实施等力值间隔（10%FS，20%FS，…，100%FS，FS 表示满量程）逐级加卸荷，在砝码交换的过程中采用了砝码交换预加荷装置进行力平衡控制。初步实现了砝码交换时系统达到力平衡的过程控制，达到了控制砝码无逆程交换的目的。

图 2.17 为十点等幅加载时的带砝码交换控制的加荷过程曲线，图 2.18 为砝码交换过程示意图。砝码交换示例如下：加载过程中，试验的当前负荷 600N，下一级欲加负荷为 800N，需要卸 300N 同时加 500N，施加到 800N，保持 60s；卸载过程中，需要在 800kN 的基础上，再加载 300N 同时卸 500N，卸回到 600N。选

用的标准测力仪数据采集取样率为 25ms；加卸荷时间均为 10s；$t_1 \sim t_2$ 时间为卸下 300N 砝码、加上 500N 砝码的过程，$t_3 \sim t_4$ 时间为卸下 500N 砝码、加上 300N 砝码的过程。这期间力值变化最大量为 δ。图 2.19 为 600N 加到 800N，再由 800N 卸到 600N 的倒码力平衡控制过程曲线图，图中的加荷过程曲线是由计算机自动采集到的实验数据绘制而成。实验结果表明，力标准机在进行砝码交换时的力值波动大约是 4%，产生的微小逆负荷现象对被检测力仪的变形示值未发现有影响。

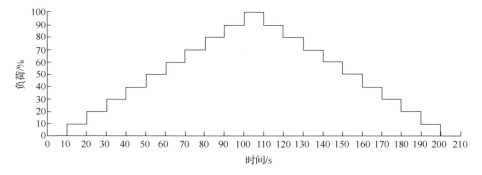

图 2.17　十点等幅加载时的带砝码交换控制的加荷过程曲线

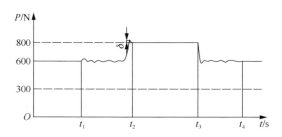

图 2.18　砝码交换过程示意图

图 2.19　600N 加到 800N，再由 800N 卸到 600N 倒码力平衡控制过程曲线图

这种砝码交换方法对控制系统的要求很高，无论是在加载过程还是在卸载过程中都不能出现逆负荷现象。实践表明，用在小规格力标准机上性价比降低幅度较大，用在大规格设备上会较大地降低工作效率。

2) 电动独立加码的砝码交换

（1）加码过程的运动与力学分析。

设凸轮采用偏心轮机构，驱动电动机做匀速转动，由凸轮机构驱动的托架运动规律，符合图 2.10 和式（2.7）、式（2.8）谐波运动规律。

凸轮机构驱动托架带动砝码移动的工作系统，假设为一线弹性系统，可以简化成如图 2.20 所示的托架带动砝码运动机构的力学模型。

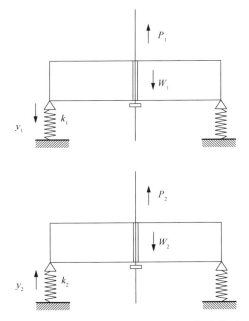

图 2.20　托架带动砝码运动机构的力学模型

图 2.20 中，k_1 为加砝码机构（包括托架、被检测力仪、吊挂等构件）的综合刚度；y_1 为加砝码机构托架的位移；k_2 为卸砝码机构（包括托架、被检测力仪、吊挂等构件）的综合刚度；y_2 为卸砝码机构托架的位移；P_1、P_2 分别为加卸砝码时吊挂所受作用力；W_1、W_2 分别为加卸砝码的重力。

考虑到砝码加卸速度及其变化很慢，所以依据静力平衡原理进行分析。托架与砝码接触、砝码与吊挂接触条件满足时，根据静力平衡原理有吊挂受力

$$P = P_0 + W_2 + k_3 \cdot x_1 - k_4 \cdot x_2 \tag{2.12}$$

砝码 W_1 受力

$$W_1 = k_1 \cdot (x_{01} - x_1 - y_1) + k_3 \cdot x_1 \tag{2.13}$$

砝码 W_2 受力

$$W_2 = k_2 \cdot (x_2 - y_2) + k_4 \cdot (x_{02} - x_2) \tag{2.14}$$

整理得吊挂受力

$$P = P_0 + W_2 + \frac{k_3}{k_3 - k_1} \cdot [W_1 - k_1 \cdot (x_{01} - y_1)] - \frac{k_4}{k_2 - k_4} \cdot [W_2 - (k_4 \cdot x_{02} - k_2 \cdot y_2)]$$

式中，x_{01} 为支撑砝码 W_1 加码机构弹簧的最大变形量；x_{02} 为支承弹性元件 k_4 的最大变形量。

设 $W_1 > W_2$，式（2.14）是一个对时间的单调上升函数，对上式求导，且有

$$P' = \frac{k_3 \cdot k_1}{k_3 - k_1} \cdot y_1' - \frac{k_4 \cdot k_2}{k_4 - k_2} \cdot y_2' > 0 \qquad (2.15)$$

为了避免有理数，必须满足以下条件：

$$k_3 \neq k_1, k_4 \neq k_2 \qquad (2.16)$$

设 $W_1 < W_2$，式（2.14）是一个对时间的单调下降函数，对上式求导，且有

$$P' = \frac{k_3 \cdot k_1}{k_3 - k_1} \cdot y_1' - \frac{k_4 \cdot k_2}{k_4 - k_2} \cdot y_2' < 0 \qquad (2.17)$$

为了避免有理数，必须满足以下条件：

$$k_3 \neq k_1, k_4 \neq k_2$$

实际上，在砝码加卸过程中，两个速度 y_1' 和 y_2' 可以视为相等，若设

$$k_3 = nk_1, k_4 = qk_2 \qquad (2.18)$$

为同时满足式（2.15）～式（2.18），推导可得 $n=q=2$，$k_1 = k_2 = k$。砝码支承刚度 k 的取值，应该以满足 $k \cdot x_0 = W$ 为基本条件，其中 W 为最大砝码重力。

加码过程吊挂受力变化：

$$\Delta P_1 = P_1 - W_1 = k_1 \cdot H_1(\theta) \cdot (\cos\theta - \cos\theta_0)$$

卸码过程吊挂受力变化：

$$\Delta P_2 = P_2 - W_2 = -k_2 \cdot H_2(\alpha) \cdot (\cos\alpha - \cos\alpha_0)$$

式中，

$$H_1(\theta) = \begin{cases} H_1, & \theta_0 \leqslant \theta \leqslant \theta_1 \\ 0, & 其他 \end{cases}, H_2(\alpha) = \begin{cases} H_2, & \alpha_0 \leqslant \alpha \leqslant \alpha_1 \\ 0, & 其他 \end{cases}$$

式中，θ_0 和 θ_1 分别为加码过程中砝码与吊挂托盘进入接触的起始位置和托架与砝码脱离接触的位置；α_0 和 α_1 分别为卸码过程中托架与砝码进入接触的起始位置和砝码与吊挂脱离接触的位置。

可见，托架与砝码、砝码与吊挂接触同时发生时，吊挂受力变化呈谐波规律，在凸轮机构转速固定的情况下，根据式（2.14）、式（2.15），谐波规律变化的持续过程长短显然取决于弹簧刚度，减小刚度可以延长力值变化持续时间。

（2）砝码逆程交换力值变化理论分析。

静重式力标准机采用倒换砝码的加载方法具有砝码数量少、测量范围宽、设备体积小的优点。为此，包括国家力基准机在内的许多静重式力标准机都采取了

使用少量砝码、通过交换砝码实现多级负荷的方案。但是，采用交换砝码的方法实施加卸荷的过程本身不应该影响被检测力仪的变形示值。

砝码交换时力值波动幅度小及满足加载时间要求，是砝码交换问题的核心，必须要有正确的理论依据和合适的控制方法，独立加码方式为解决砝码逆程交换问题提供了一条捷径。根据 2.2.1 节的电动独立加码过程的分析，如果加砝码和卸砝码两个过程同时进行，并且使加砝码过程中砝码与吊挂接触的同时，卸砝码过程托架与砝码也接触，显然，如果加卸砝码的运动速度相同、托架的刚度相同，则这一交换砝码过程的结果就像在已有的砝码基础上再加一块（或者卸一块）砝码一样，达到无逆程加卸负荷的目的。图 2.21 加卸砝码过程的位移与吊挂受力变化曲线中，图 2.21（a）为加砝码过程曲线，图 2.21（b）为卸砝码过程曲线，图 2.21（c）为二者同时进行的合成曲线。其中实线即为作用力线。

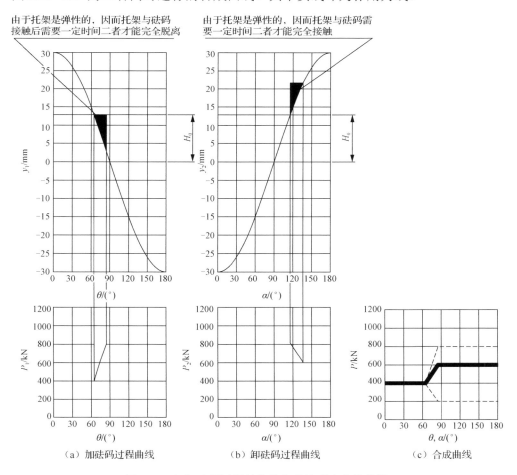

图 2.21　加卸砝码过程的位移与吊挂受力变化曲线

当然这些效果的实现,其前提条件是托架与砝码接触、砝码与吊挂接触,然后加砝码和卸砝码二者同时动作。

(3)实验验证。

为验证静重式力标准机独立加码的正确性、合理性,在一台 10kN 独立加码方式的静重式力标准机上进行实验,有 4 块 2kN、1 块 1kN、1 块 500N、2 块 200N 和 1 块 100N 的砝码。砝码放置在滑块上。被测传感器放置在动横梁上,通过电动机可以调整动横梁的上下位置。通过电动机驱动托架的上下运动将砝码施加在吊挂上,或者从吊挂上卸下。托架的上下移动采用具有恒定转速和自锁能力的单相永磁同步微电机驱动。该机采用 PLC 直接驱动电动机运转,微机通过 RS232 串行通信口发出控制指令,实现了独立加卸砝码的运动控制功能,加卸砝码包括交换砝码的时间为 6s。

10kN 独立加码方式的静重式力标准机可实现快速加卸砝码、交换砝码,实现最小力级为 100N 的负荷级数的组合,同时吊挂防摆机构可限制吊挂摆动的幅度以使吊挂尽快稳定下来,缩短读数时间,满足 R60 建议、《标准测力仪检定规程》(JJG 144—2007)、《称重传感器检定规程》(JJG 669—2003)等国家计量检定规程对力标准机加载条件的要求。

图 2.22 为一组采用独立加码方式加荷得到的被检力传感器的输出力值曲线。已加负荷 1500N,下一级欲加负荷到 600N,需要卸 1000N 同时加 100N。实验表明,只要符合上述分析条件,力标准机砝码在进行逆程交换时的力值波动 δ 可以控制在 2%以内,对被检测力仪的变形示值未产生影响。

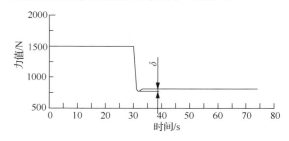

图 2.22　采用独立加码方式加荷得到的被检力传感器的输出力值曲线

3)采用夹持吊挂的方法实现砝码交换

将静重式力标准机的机构和力学模型简化为如图 2.23 所示。

砝码 W 通过吊挂杆和反向架将重力施加到传感器上,图 2.23 中有 $P=W+W_1$。假设在砝码与反向架之间设置一夹紧机构,砝码交换时相对于吊挂杆轴线施加垂向作用力 T,它将吊挂杆与机架紧固在一起,此后传感器受到的作用力 P 不变。假如夹紧机构和机架都是刚体,则砝码区域的作用力变化将不影响作用力 P,如此做任何砝码交换都不会引起 P 的改变,直到松开夹紧。

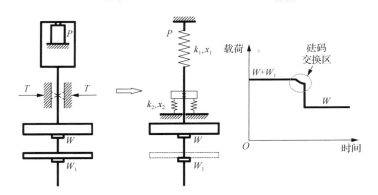

图 2.23　静重式力标准机机构与力学模型

当然构件上都是刚性的，假设夹紧机构以上部分的所有构件等效刚度为 k_1，在作用力 P 时变形 x_1，即

$$P = k_1 \cdot x_1 \tag{2.19}$$

又设夹紧机构的夹紧力足够大，相对于机架的刚度设为 k_2。在夹紧后，当砝码部分有重力变化时，夹紧机构会产生变形 x_2，夹紧机构以上部分的作用力会减小。设减小重力 W_1，则夹紧机构变形

$$x_2 = -W_1/k_2 \tag{2.20}$$

由此造成的作用力 P 的变化为

$$\Delta P = k_1 \cdot x_1 - k_1 \cdot (x_1 - x_2) = k_1 \cdot x_2 = -k_1 \cdot \frac{W_1}{k_2} = -\frac{k_1}{k_2} \cdot W_1 \tag{2.21}$$

相对误差为

$$\delta_P = \frac{\Delta P}{P} = -\frac{k_1}{k_2} \cdot \frac{W_1}{W_1 + W} \tag{2.22}$$

据此，假设允许的相对误差为 $[\delta_P]$，则可以设计可用的砝码交换水平和机构的刚性条件。例如，设用于交换的砝码 W_1 不大于不交换砝码的一半，则有

$$\left| \frac{k_1}{k_2} \right| \leqslant 3[\delta_P]$$

设 $[\delta_P] = 2\%$，则有

$$\left| \frac{k_1}{k_2} \right| \leqslant 3[\delta_P]k_2 \geqslant \left| \frac{k_1}{6\%} \right| > 17k_1$$

可见，运用夹持吊挂的办法实施砝码交换是可行的。一些实验数据证实了这个观点[23]，任意载荷的力值波动可达 $[\delta_P] < 1\%$。

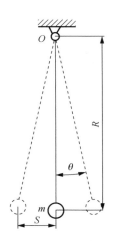

图 2.24　吊挂摆动周期计算模型

2.3.2　吊挂的摆动问题

由于设备安装几何尺寸、运动稳定性等各种因素的影响，砝码放置到吊挂上或者从吊挂上取下时，吊挂会产生自由摆动。摆动引起惯性，造成力值误差；摆动造成力值稳定时间加长，因而降低工作效率。

吊挂摆动可以简化成一个如图 2.24 所示的吊挂摆动周期计算模型。将吊挂和砝码简化为一个质量为 m 的质点，距原点长度 l，根据物理学原理，摆动周期为

$$T = 2\pi\sqrt{\frac{l}{g}} \tag{2.23}$$

1. 摆动造成力值误差

由于摆动引起的离心力

$$F = m \cdot R \cdot \omega^2 \tag{2.24}$$

因为

$$\omega = \frac{\mathrm{d}\theta}{\mathrm{d}t} = \frac{\mathrm{d}\left(\theta_0 \cdot \sin\left(2\pi\frac{1}{T}t\right)\right)}{\mathrm{d}t} = 2\pi\theta_0\frac{1}{T}\cos\left(2\pi\frac{1}{T}t\right), \omega_{\max} = 2\pi\theta_0\frac{1}{T}$$

离心力的最大相对值

$$\delta F_{\max} = \frac{F_{\max}}{mg} = \frac{m \cdot R \cdot \omega_{\max}^2}{mg} = \frac{R\left(2\pi\theta_0\frac{1}{T}\right)^2}{g} = \frac{\theta_0^2}{R} \tag{2.25}$$

考虑一种最大可能情况，设 $R=1\mathrm{m}$，摆动幅度为 10mm，计算得 $\delta F_{\max} < 0.01\%$。由此可见，对于静重加载方式，由于摆动运动本身引起的力值变化很小，由此造成的力值误差可以忽略。

2. 摆动造成力值稳定时间加长

为加快稳定速度，应缩短周期 T，并减小摆动幅度 S。因此首先在结构上砝码布置采用传统的倒塔形，以提高质心高度，减小长度 R。根据式（2.25），一般来说长度 R 较大，所以周期很长，一般在 2～5s。假如阻尼影响很小，如果摆动引起的力值误差不在允许范围之内，那么这个摆动持续的时间就会很长，实验表明，可达数十秒之多。

事实上，由于摆动方向的不确定性，采用增设阻尼装置的办法在这里不可行。为此，可以采用限制摆动幅度的措施。

设摆动幅值为 S，吊挂长度为 L_1，根据几何关系可得

$$\tan\theta_0 = \frac{S}{L_1}$$

$$S \leqslant L_1 \cdot \tan\theta_0 = L_1 \cdot \tan(\sqrt{\delta F_{\max} \cdot R}) \tag{2.26}$$

根据式（2.26），只要限制 θ_0（或者 S）的大小，可以获得足够小的力值误差 $\delta F_{\max}$：

$$\theta_0 \leqslant \sqrt{\delta F_{\max} \cdot R} \tag{2.27}$$

考虑一种 10kN 静重式力标准机，假设 $R=0.7\text{m}$，$L_1=2\text{m}$，$\delta F_{\max}=0.00001$，计算得 $S=5\text{mm}$。又考虑一种 1MN 静重式力标准机，设 $R=4\text{m}$，$L_1=11\text{m}$，$\delta F_{\max}=0.00001$，计算得 $S=69\text{mm}$。可见，只要控制吊挂的摆动幅度，则由摆动引起的力值误差可以忽略，此时无须等到吊挂稳定即可以读取数据。

采用一种主动控制防摆措施。图 2.25 为防摆装置结构示意图，这是一个由电动机驱动，相对于吊挂杆中心对称安装的偏心轮机构，加卸砝码之前，使偏心轮转动，致使其与吊挂杆接触，从而禁止由于各种原因而可能造成的吊挂摆动。当然，采用如图 2.7 所示的防摆机构，在吊挂杆底端应用电动机驱动的限制机构，防

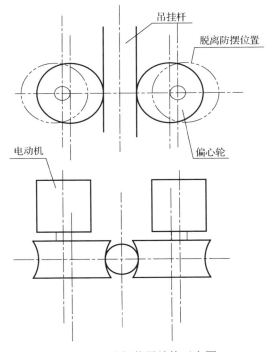

图 2.25　防摆装置结构示意图

止其在水平面的运动也是一种措施，但是必须保证任何防摆措施不影响力的准确。常用的办法是保证防摆机构仅仅受水平作用力，一般必须采取伺服控制手段。

3. 静态偏置状况

吊挂的静态偏置状况对力标准机也会产生影响，在 2.1 节中有过说明，这里详细分析如下。图 2.26 为吊挂偏摆计算原理图，设理想几何中心位置为 O_0，吊挂偏离位置为 O。吊挂偏离理想位置不会影响重力值大小，但是造成两个问题：一是使得施加于被检测装置的作用力位置偏离理想作用线，引起力值误差，如图 2.4

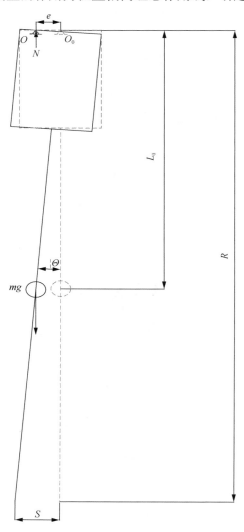

图 2.26　吊挂偏摆计算原理图

所示；二是增大了吊挂、砝码与结构件之间的刮碰现象。当然，它也是引起吊挂摆动的因素之一。

吊挂的静态偏置以不能与周围任何物体接触为准则。偏置幅度与 e、L_0、R 有关，其中，e 为被检传感器与理想几何中心点的偏移距离，L_0 为吊挂质心高度，R 为吊挂长度。

根据静力学定律

$$N=mg$$

吊挂最大静态偏置幅度可根据几何关系计算：

$$S=R/L_0 \cdot e$$

为了避免可能的吊挂、砝码与结构件之间的刮碰现象，尽量增大吊挂杆与砝码孔之间、砝码与结构件之间的距离。根据上述计算公式，若允许 $e=1mm$，$L_0=3m$，$R=6m$，则构件之间的距离不得小于 $2mm$，即 $S>2mm$。

2.3.3 吊挂自身重力的处理

吊挂自身需要承担、传递砝码的作用力，其自身的质量产生的重力也通过反向架传递到被检测力仪上。吊挂自身重力的处理方法通常有三种，第一种方法吊挂作为一块砝码使用，前提是它必须经过精确计量，这是最常见的处理办法，也是最简单的。这种方法的缺点是吊挂自身重力大小决定了静重式力标准机的最小力值，由于吊挂受承担的总载荷的限制，其结构尺寸不可能太小，即使采用特别设计，一般不会小于砝码总重力的 1%。第二种办法是通过一个杠杆机构将吊挂的重力平衡掉，常用的办法是利用天平原理，通过等效重力将其抵消，此时，天平的杠杆比不一定为 1。这种重力平衡方法如图 2.6（b）所示（中国计量科学研究院 1MN 静重式力标准机），这种方法的特点是吊挂不影响砝码对机器的作用力施加，但是增大了机器结构的复杂程度和机器操作的难度，同时所使用的平衡杠杆必须不能影响计量准确性。第三种方法是将吊挂当作皮重处理，即对被施加载荷的试件（通常为传感器）输出清零。当然，如果被施加力的试件是称重传感器，吊挂也可以当作最小静负荷使用。当作最小静负荷使用的吊挂装置的自重一般不需要准确调整至某个整数值，仅仅需要精确测知其质量大小即可。

2.3.4 大规格静重式力标准机的设备基础

大规格静重式力标准机安放在地面上，保证设备本身水平、保证动横梁水平的情况下考虑设备的支撑问题，即设备基础。其关键问题是在任何使用条件下不会引起施加力的误差。这要求设备基础必须是稳固的，它既不随着时间的变化而变化，也不应该随着使用条件变化而变化。

可能的基础变化是，它无法保证设备的初始状态，即式（2.4）中的误差增大。关于静重式力标准机的基础没有也不必有专门的基础的设计施工的技术文件，把它作为精密仪器和精密设备考虑就足够了，基本要求是一段时间后基础的沉降极小、刚性足够大。通行的做法是在设备安装之前堆放不小于设备质量的物体进行压实，时间不小于 6 个月。且在此期间进行沉降检测，尤其是沉降的平面均匀性检测。在使用期间，也应当定期进行基础平面水平度的检测，以确定其稳定工作的能力。静重式力标准机都具备水平测量参考基准，也具有实施水平调整的机构或者装置。在进行定期或者不定期基础平面水平度检测时，如果超出要求，必须进行水平恢复调整。对水平度的要求，取决于力标准机的力值准确度等级。根据图 2.2 和式（2.2），假如由水平引起的角度变化造成力值相对误差为百万分之一，则水平度不应该低于 0.14%。假设采用刻度 0.02/1000 的水平仪，一般不应大于 6 格。

小结：静重式力标准机作为精密力值计量传递设备，除如同一般的机器设备设计制造和使用要求以外，必须解决几个关键技术问题，它们是砝码加卸办法、吊挂摆动、吊挂重力处理、机架结构与几何状态以及设备基础等。

2.4　静重式力标准机的工作控制与自动化

静重式力标准机是运用标准砝码对测力仪施加载荷的设备，一般地，为实现不同的载荷，常有多块标准砝码在不同时段内分时加载，完成对测力仪的计量检测任务。为了满足力值准确度高、工作效率高、力值范围宽、操作简便等工作要求，静重式力标准机的结构往往非常复杂。从控制角度来说，执行装置、检测装置数量庞大；从检测角度看，检测的物理参数较多、精度要求较高。还有，迄今被施加载荷的测力仪通常都是电信号输出，为获得测力仪的性能，既要检测获取数据，又要完成数据处理。因此，对设备工作过程的控制实现自动化一直以来都是研制者追求的目标，并且随着控制技术与检测技术的进步和发展而不断有新的提高。

静重式力标准机研究中关于对执行装置的控制原理、算法以及控制装置，已经不存在技术难题了，这里只围绕在静重式力标准机工作控制中成功应用、具有特色，并取得良好效果的人机交互界面，以及相关的问题展开讨论。

2.4.1　静重式力标准机的人机交互界面

在分析静重式力标准机的机械结构、主要组成部件和工作要求并保证设备工作精度的前提下，只有准确地监控设备的工作过程和工作状态，才能使设备在可掌控的环境下工作并完成生产任务。因此,建立一整套设备工作过程实时动画显示的全自动形象化监控界面应该是较好模式之一。

以中国计量科学研究院 1MN 静重式力标准机为例,该设备有 14 块砝码,每块砝码有六个交流异步电动机驱动的曲柄滑块机构,用以实现砝码的支撑或者脱离。每个机构对应四个光电检测开关显示曲柄滑块机构的位置;有一套吊挂初始平衡杠杆系统,由两台直流伺服电机驱动;有 4 台 20kW 交流伺服电机用以完成砝码的交换工作。每台伺服电机驱动的装置各对应一个非接触差动变压器进行位移检测;此外,它还有升降台运动的驱动、控制和检测开关。

考虑到至少两个原因,设备中各个运动件的运动状态、整体工况必须能够实时监测:一是设备状况监测,为了故障诊断、设备可靠运行;二是操作简便、直观。一个已知的事实是,由于被检传感器的结构形状、安装方式等的离散性,必然引起如图 2.26 所示的吊挂偏置的可能。偏置是否过大,必须实时人工监测与判断。尽管现在的视频监测技术已经十分成熟,且应用广泛,但是可见光监测只能观察到光线波及的地方,当设备复杂度提高时,非专业人员无法通过光学监测手段达到监测的目的;对于非可见光检测,缺了直接观察的感受。因此,在控制系统中建立一种简便实用的人机交互界面就显得十分必要了。通过它可以达到以下三个目标:操作方便、状态监测、故障诊断。

1. 三维结构的平面表示

工程上,三维立体机械结构在平面内展示是传统实用的有效表达方法,关于这部分内容在本章开头已经做过论述。控制系统界面是控制系统实现人机交互的媒介。对静重式力标准机而言,如上所述,由于设备的复杂性,要达到操作方便、状态监测、故障诊断三个目标,一种最简方式是,高度凝练、概括后的设备结构图形表达与屏幕操作相结合。也就是以人们容易理解的方式,用最简单的图形及其组合,清楚表达机器的复杂结构和工作原理。将这样的图形显示在屏幕上,通过自动操作相应的图形和位置,既可以发出机器工作的指令,又可以根据监测到的信息判断机器工作的状态,还可以完成必要的数据处理。关于静重式力标准机结构简化,在 2.1.2 节中已经专门对图 2.5 的说明做了详尽解释。

不断发展的计算机技术、通信技术、驱动控制技术和软件技术等为这种监控模式提供了丰富的技术基础条件。运用软件技术把控制计算机与被监控设备之间的双向信息整合,建立设备需要监控的工作部件与屏幕上用图形表达的工作零部件之间的联系,从而实现功能:现场工作状态实时动画显示、鼠标点击(或触屏)机械部件发出控制指令、信息和数据的实时处理。

如图 2.27 所示的静重式力标准机的控制系统框图中,包括一套主控微机、专用多轴控制卡、伺服驱动系统,低压电器装置及微机软件。采用微机集中控制管理，运用先进微机软件技术，通过设计和编写微机程序，实现静重式力标准机全自动化工作的目标。

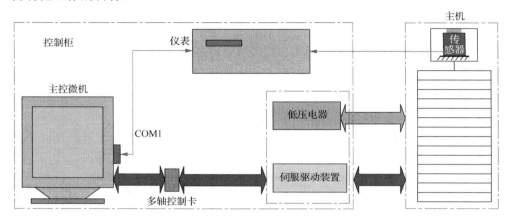

图 2.27　静重式力标准机的控制系统框图

为了达到高性能工作要求，设备的监控应该满足以下要求：

（1）较好的可操作性。

采用通用的操作系统（比如 Windows），具有良好的操作界面环境，使操作过程简单化，提高静重式力标准机的自动化程度，并增强测试系统适应环境和处理突发事件的能力。

（2）控制过程的准确性。

静重式力标准机的执行过程非常复杂，只有使每一步都执行正确，才能使整机正确运行。

（3）控制过程、数据采集的实时性。

要精确控制静重式力标准机，必须要实行实时控制、实时反馈执行结果、实时采集数据及实时报告发生的故障，以进行相应的、及时的处理，这就要求上位机和控制系统提高通信能力和数据处理能力。

（4）控制过程和执行结果的可见性。

控制过程的可见性给予操作者提示，使执行过程及结果可视化、形象化。

（5）控制过程的可靠性。

静重式力标准机设备比较昂贵，必须提供可靠的操作系统，以适应多变的突发事件，比如把操作系统分为自动操作系统和手动操作系统，以适应不同环境、不同情况的需要。

2. 力标准机形象化工作界面示例

良好的用户界面是自动监控的基本需要和重要组成部分。将各种感兴趣目标用窗口、图符、定位器光标、菜单、按钮、对话框、滚动条等界面部件在屏幕上表示出来，通过方便的输入设备对它们进行直接定位、选取、输入命令或数据等交互操作，所有的操纵结果立即在界面上显示出来。这是直接操纵界面和用户图形界面的基本思想和做法。

由于实现设备工作状态实时动画显示，操作者不但可以了解设备各个部分的工作情况，一旦出现故障可以及时准确确定故障种类、故障部位，迅速找出应对措施。具备容错与纠错能力，复杂耗时的试验过程不应该因为一次突然断电就造成实验数据作废、前功尽弃的囧态。

机器操作采用人机对话、鼠标点击（或触屏）配以键盘输入方式。机器的工作状态监视，则首先构建正确、清楚、完整、生动、形象、简单的平面图形表示机器工作原理、结构组成，尤其是需要监视的各工作部位。

图 2.28 为一台 1000N 电动独立加码静重式力标准机的界面机构图形，它将各需要监视的工作部位以 flash 方式，形象直观地表示其当前状态。图中的图像元素表示了这种机器的结构组成和相互关系。其中机架内部叠放的 19 个长方形条形框表示了 19 块砝码。厚度不同表示质量大小不一，颜色表示了它们的工作状态。每

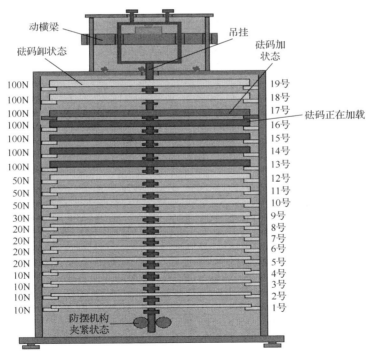

图 2.28 1000N 电动独立加码静重式力标准机的界面机构图形

块砝码的两端设置矩形框表示砝码加卸的驱动机构，同样用颜色表示工作状态。例如砝码在托架上位置不动时，为黄色；加卸过程中黄色变为深绿色并闪烁，加到吊挂上以后变为棕色，且表示托架的小方框也变成棕色。除此以外，动横梁、吊挂、防摆机构都有自己的表示图形，例如，动横梁移动时，表示动横梁的矩形框图形部分闪烁并用箭头表示移动方向。

　　界面上除了表达机器的图形以外，还设有功能模块对话框、仪表指示区图框、机器状态指示图框以及数据区等，使机器操作简便，直观显示机器状态和实验数据。如图 2.29 所示的静重式力标准机控制界面上，对机器进行操作时，只需用鼠标点击（或触屏）相应的功能钮或者直接点击图形即可。例如，欲施加第 19 号砝码，先点击砝码侧面表示托架的小方框，再点击加载钮，则计算机将发出指令使19 号砝码向下移动，实现加载。进行传感器检测试验时，只需要选择相应的功能和实验要求，机器将会自动完成检测试验过程。例如，选择负荷特性试验，选择5 个实验点，三次预加载，三个循环，按运行钮即可完成操作。机器将自动完成实验，并进行数据处理，显示表达被检传感器的性能指标数据和特性曲线。

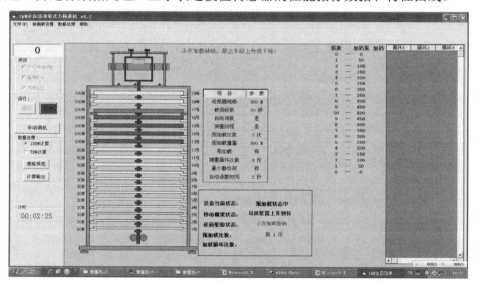

图 2.29　静重式力标准机控制界面

2.4.2　静重式力标准机的数据通信方式

　　静重式力标准机工作时，微机界面发出控制指令，使设备上对应的执行装置工作，实现砝码加卸载、横梁移动及防摆装置抱紧或放开，与此同时，设备的各种状态也通过光电开关、位移传感器等检测装置显示到微机界面上。微机和现场设备之间的信息交换通常有并行、串行和网络通信几种方式。由于动作速度不需要很快，传输距离远，结构简单，使用简便的串行通信、网络通信以及 USB 接口等，是力标准机工作控制和数据采集的常用通信模式。

1. 并行通信

并行通信时数据的各个位同时传送，以字或字节为单位同时并行进行，具有速度快、信息率高的优点，在因地制宜的情况下，如图 2.30 所示的并行通信工作模式在静重式力标准机的控制系统中也曾被采用。

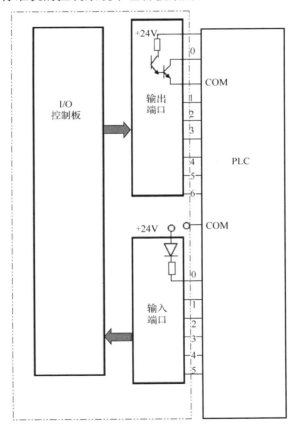

图 2.30　并行通信工作模式

在某型号静重式力标准机控制系统中，计算机通过 PC-7505 卡可以传给 PLC 六位信号，共计 26 个命令，这些命令是通过编码形式给出的，00001,00010,00011,…,010011,010100,010101 表示砝码吊挂、横梁升降、油缸升等的编号。系统不仅有自动运行，还可以手动运行，只需增加单独调试指令，这种传输方法直观、可靠。

2. 串行通信

并行通信占用控制器（如 PLC）的资源较多，而串行通信具有通信距离长、抗干扰能力强、连接简单等优点，所以大部分的静重式力标准机是采用串行通信的。最常见的串行接口形式是 RS232，这是一般微机、控制器都配备的标准通信接口，即使用 USB 接口，也可以转换成这种串行接口。它的接线一般只需 3 根。

一般采用 4800bit/s 及以上波特率，就可以满足静重式力标准机的控制指令发送、信息收集以及数据传递的速度需要了。RS232 接口的传输数据有效距离理论上可达 15m。实践表明，在力标准机上使用串行接口，距离 10m 以内没有发现信号误差。

3. 网络通信

工业以太网具有通信速率高、共享能力强、多种编程语言都适用的优点，因此未来的后续发展潜力大。

个人计算机（personal computer，PC）可以作为文件服务器和工作站，通过网络接口卡，与由网线搭建的树形拓扑结构的交换式以太网（局域网）这种传输介质通信，来控制网络中作为附属设备的伺服控制系统。图 2.31 为在某型静重式力标准机上采用的网络通信模式。在大数据信息量和远距离通信有需求时，网络通信是优选的通信方式。

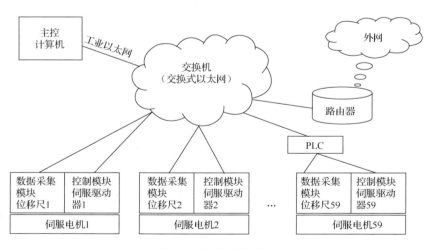

图 2.31　网络通信模式

2.4.3　静重式力标准机工作过程自动化实例

1. 转角砝码加卸的 500kN 静重式力标准机自动控制实例

图 2.32 为一台 20 世纪应用于原机械工业部长春试验机研究所的 500kN 静重式力标准机结构组成与工作原理图，采用 PLC 控制。它的特征是，砝码的加卸采用转角方式，即设备的机架上设置大转角，它可以根据需要转动两个位置，用于放置砝码或者允许砝码自由运动。设备的砝码提升系统包括液压提升油缸和提升框架。提升框架上与机架上的大转角对应，设置小转角。小转角也可以转动两个状态，即放置砝码和允许砝码自由移动。

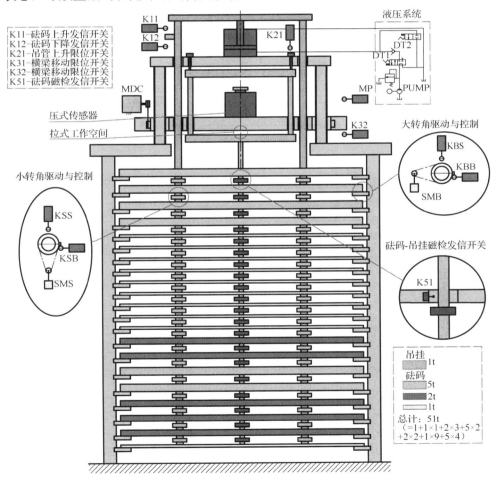

图 2.32　500kN 静重式力标准机结构组成与工作原理图

MP-油泵电动机；DT-滑阀；PUMP-液压泵；SMB-大转角电动机；SMS-小转角电动机；KSB-小转角原位开关；
KSS-小转角限位开关；KBS-大转角限位开关；KBB-大转角原位开关；MDC-横梁电动机

该机具有 21 块砝码，工作时通过大小转角和油缸的规律动作实现砝码的加卸载。安置好传感器后，砝码加载过程如下：小转角伸出→油缸整体上升→大转角爪子收回→油缸整体下降→小转角爪子收回→砝码落在吊挂上。卸载过程如下：小转角爪子伸出→油缸整体上升→大转角爪子伸出→油缸整体下降→小转角爪子收回→砝码离开吊挂。

该机控制系统采用 PC 为上位机进行监控，通过接口电路实现与下位机的通信，达到发送指令、接收反馈信号的目的。下位机选择三菱公司生产的 FX_{2N} 系列可编程逻辑控制器，完成 21 块砝码的自动加卸载及现场监控、开停机、报警以及相关的辅助油泵、电磁阀、大小转角电动机等装置的控制。

机器控制工作界面的基本思路同 2.4.1 节。为了能动态实时显示运行状态和结果，需要实时地变化形象控件的颜色、形状、位置和闪烁等，通过这些来表示运行状态、过程和结果。主要有以下几个形象控件：一是大小转角，状态有三种，分为伸出状态、收回状态和被选取状态，分别用不同的形状和颜色来表示，转角的伸出颜色分别与之所在的位置相符；二是油缸，油缸可以上下移动，通过形象控件位置的上下移动来实现，在此过程，其上的转角也随油缸移动；三是砝码，砝码有四种状态，分为在大转角上、吊挂上、小转角上和在移动当中。通过以上形象的动态显示，可以使操作者清楚地知道测力机的整个工作过程。在检测过程中，既要实现自动采集检测数据，也允许人工采集数据，并根据一定的处理要求进行处理，再按照一定的格式打印输出。

2. DM-100 静重式力标准机自动控制实例

1）机械系统组成

图 2.33 为德国申克公司生产的 DM-100 1MN 静重式力标准机动横梁部分和砝码加卸载部分结构。机械结构包括机架、动横梁、吊挂、移动笼、固定笼、支撑爪子（数量为砝码数量的六倍，分别在固定笼、移动笼上）、砝码（14 块）、预加载机构、防摆机构、杠杆平衡机构以及工作平台升降系统等。每一个机构或者装置均有一个驱动执行元件，至少一个状态或者位置检测元件或者传感器。本设备共有各种作为执行元件的电动机 37 个，各种模拟量传感器 6 个，行程和限位开关130 个。

2）控制系统组成

操作者在对系统进行操作时，无论在全自动工作状态还是手动工作状态，都需要对设备的各个部件状态有全面和实时的了解，因此必须对以下的动作和状态进行监控：初始平衡情况、横梁的升降、爪子的伸出和收缩、移动笼的升降、倒码过程、预加载过程、传感器的输出、砝码的位置等。

（a）动横梁部分   （b）砝码加卸载部分

图 2.33   1MN 静重式力标准机部分结构

如图 2.34 所示的系统控制原理包括可编程逻辑控制器（主要控制和监视爪子的状态和砝码的运动位置状态）、单片机控制系统（主要控制移动笼的升降、倒码过程、预加载、防摆机构）、PC-7505 数据采集卡（主要实现上位机与 PLC 开关量通信）、2000 标准负荷测量仪（测量仪表采集工作传感器的数据，标准仪表采集标准传感器的数据）、基于工业标准体系结构（industry standard architecture，ISA）的多串口卡（扩充串口用）、工业用上位机（主要控制和协调以上各个控制元件来驱动力基准机的执行机构）。

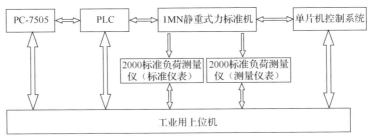

（a）原理框图

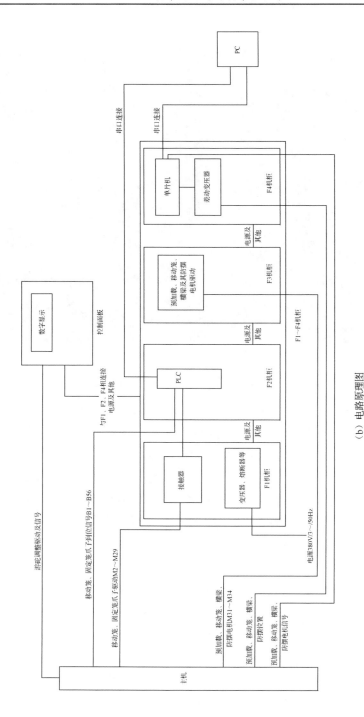

（b）电路原理图

图 2.34 1MN 静重式力标准机控制原理图

3）各部分之间的通信

上位机与 2000 标准负荷测量仪的通信通过串口来实现。在 VC++的程序中配置 MSComm 控件实现通信，2000 标准负荷测量仪中的串口 2 主要用于连接计算机或可编程逻辑控制器，输出电平为标准 RS232 电平，输出方式为连续数据输出，其通信刷新率与显示刷新同步。2000 标准负荷测量仪的串口 2 可接收计算机或可编程逻辑控制器所发来的各种操作指令，在测量状态时可完成仪表的按键功能，仪表工作参数 17 为串口 2 接收允许设定开关，当 Pr17=0 时禁止接收来自计算机的操作指令，当 Pr17=1 时可以接收来自计算机的操作指令。

PLC 与上位机的通信分成两部分：一是通过串口 PLC 向上位机发送各个爪子状态的数据；二是通过 PC-7505 数据采集卡与上位机进行交互，实现上位机对PLC 的监控。

单片机和上位机的通信也是通过串口进行的。单片机主要实现移动笼的升降、倒码功能、预加载功能。由于单片机要进行倒码和预加载，因此要读取控制传感器的数据，借以判断预压程度，控制动作过程。

4）动态监控显示的实现

大型机械装备的实时监控有利于操作者了解系统各个部分的状态和动作情况，通过传递和交换信息，用户对系统的各个部件可进行操作和控制。

1MN 静重式力标准机是大型精密设备，具有操作过程复杂、不容易控制的特点，这就要求在监控界面上力求简单化、形象化、易学易用、降低操作难度，做到可视化控制、形象化显示。

设计如图 2.35 所示的监控系统界面。显示区分为四个区域，左边为面板放置区，本程序有两块面板，一是主控面板，二是手控面板，两块面板可相互切换。上边为工具栏和菜单放置区，在此将实现打印、打开文件、存储文件等功能。右边为数据显示区，程序采集的数据在此显示，中间是执行器件的形象动画显示区，把每个执行器件做成相似的图形显示出来，并按一定的顺序和构成方式组合起来，形成一个完整的机器形象图，而且每个可运行部件都是可以用鼠标选择的。在执行器件运行过程中，与之对应的图形也随之变化，来反映执行状态和执行结果。其中要变化的图形有爪子（移动笼，固定笼）、砝码、移动笼等。为了能动态实时显示实行状态和结果，则需要实时地变化形象控件的颜色、形状、位置和闪烁等，砝码不同状态时的显示颜色和位置如图 2.36 所示。

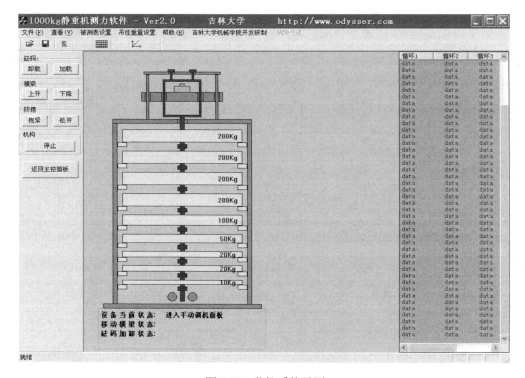

图 2.35　监控系统界面

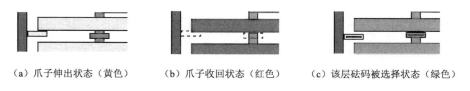

（a）爪子伸出状态（黄色）　　（b）爪子收回状态（红色）　　（c）该层砝码被选择状态（绿色）

图 2.36　砝码不同状态时的显示颜色和位置

　　操作过程和输入数据应用鼠标键盘完成，使用这样直观的操作界面使整个执行过程可视化、形象化，让操作者一目了然，方便监控整个测试过程。

　　5）测力机测试数据的采集、显示与处理

　　力标准机的数据采集有两种方式。一种是自动采集记录，程序自动判断数据采集的时间，通过串口读取数据，加入数据显示区并储存到数据数组中。另一种是人工记录，程序运行过程中，在加卸载完成后自动提示操作者人工记录数据，待数据记录完成后，按确定键，程序继续运行，人工采集的数据可以手动添入数据区，并储存到数据数组中。

　　静重式力标准机主要用来进行测力仪的静态性能试验和蠕变特性试验。关于这些试验的加载和数据采集与处理方式，如前所述，在测力仪的试验标准中有详细要求和描述。最典型的为 R60 建议，它对电阻应变式称重传感器的试验内容、试验方法和数据处理都做了详细规定。

　　运用力标准机作为手段施行测力仪的试验任务，必然应符合相应的标准要求。一般对于 C 级称重传感器，常做的试验包括非线性特性、滞后特性、重复性、零点输出、灵敏度、蠕变特性等性能指标检测。一般除蠕变特性之外，其他静态性能指标可以通过一套试验过程完成。例如，试验通常包括三次预加载、三个加载循环，预加载一般不小于额定载荷的 90%，每个循环的检测点数不少于 11 个（进程 5 个、回程 4 个，外加 2 个零点），并以均分形式加载，即满量程的 0、20%、40%、60%、80%、100%、80%、60%、40%、20%、0。特殊情况下，预加载次数、加载点数、循环数、分级方式等都可以根据需要和设备条件进行调整。加载时间、循环加载间隔等都有相应的要求。关于被检传感器的数据处理，有不同的方法和需求。例如，一般应该按照进程输出值平均值的 75% 点和零点连线作为标准输出线，进行后续的灵敏度、滞后、重复性、非线性的计算。但一般设备不具备 75% 点的加载能力，则可以按插值法计算出 75% 输出值，或者直接用最大输出值与 0 点连线作为标准输出线。过程、数据和结果都需要以适宜的方式传输、显示。不同种类和不同等级的测力仪，对加载办法、数据处理都有自己的不同要求。所有这些对力标准机而言是必须具备的功能。可见完成测力仪的试验任务，对力标准机而言，它所承载的功能和任务非常艰巨。

　　3. 1kN 电动独立加码静重式力标准机控制实例

　　1）控制系统组成

　　一般来说，电动独立加码静重式力标准机的控制只需点位逻辑控制。1kN 电动独立加码静重式力标准机的监控目标：19 块砝码的位置状态、动横梁吊挂的位置状态、防摆机构的位置状态、被检传感器的读数。

　　图 2.37 和图 2.38 分别为 1kN 电动独立加码静重式力标准机整机原理框图和控制系统原理框图。监控软件发出指令，通过串口传送给 PLC，I/O 卡的输出点控制动横梁升降电动机及各个砝码驱动电动机的运行，当到达预定位置时，接近开关发出信号给 I/O 卡，使电动机的动作停止，并且该信号也通过 I/O 卡返回监控软件，由监控软件显示当前状态。被检传感器的输出经指示仪表通过串口送至 PC，PC 采集数据，同时完成数据处理。

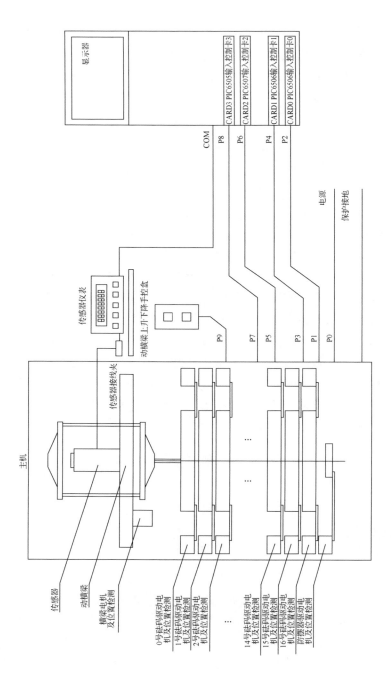

图 2.37　1kN 电动独立加码静重式力标准机整机原理框图

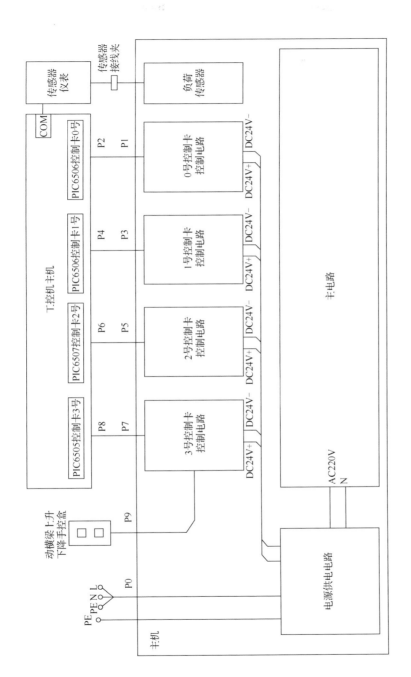

图 2.38 1kN 电动独立加码静重式力标准机控制系统原理框图

2）实验与应用

使用高精度传感器对 1kN 静重式力标准机进行力值精度检验，传感器规格为 1kN，采用 2000 标准负荷测量仪作为指示仪表。表 2.2 为力值精度检验的实验数据。经计算，该装置重复性为 0.00266%，非线性-0.016%，滞后 0.0205%。实验表明，非线性、滞后、重复性等各项指标均达到了国家标准的要求。

表 2.2　力值精度检验的实验数据（传感器规格为 1kN）

过程	第一次/(mV/V)	第二次/(mV/V)	第三次/(mV/V)	平均值/(mV/V)	理论值/(mV/V)
加载值为 0N 时进程	0	0	0	0	0.00003
加载值为 0N 时回程	0.00004	0.00001	0.00003	0.00003	0.00003
加载值为 200N 时进程	0.31457	0.31458	0.31458	0.31458	0.3145
加载值为 200N 时回程	0.3141	0.3141	0.31413	0.31411	0.3145
加载值为 400N 时进程	0.6291	0.6291	0.62913	0.62911	0.629
加载值为 400N 时回程	0.62887	0.62887	0.62884	0.62886	0.629
加载值为 600N 时进程	0.94357	0.9436	0.9436	0.9436	0.9435
加载值为 600N 时回程	0.9433	0.94336	0.94239	0.9433	0.9435
加载值为 800N 时进程	1.258	1.25802	1.25799	1.258	1.2581
加载值为 800N 时回程	1.25769	1.25784	1.25781	1.25778	1.2581
加载值为 1000N 时进程	1.57256	1.57255	1.57257	1.57256	1.57256

4. 1MN 静重式力标准机控制实例（工业以太网）

1MN 全自动静重式力标准机应用于浙江省计量科学研究院，是作者研发的电动独立加码全自动静重式力标准机，于 2014 年投入使用，准确度等级 0.003。1MN 全自动静重式力标准机主机结构如图 2.39 所示，可以分为四大子系统，分别是砝码支撑系统、力值传递体系、砝码加卸载系统和防摆系统。

该设备应用电动独立加卸砝码的形式，为了保持设备的稳定性，在中间高度处安装了加强拉杆，同时为了保证每层砝码的精确控制，砝码驱动电动机采用伺服电机，共有 57 个伺服单元。

工控领域的飞速发展，使得人们逐渐将网络通信技术应用在各个领域，1MN 静重式力标准机采用星形拓扑结构的交换式以太网来作为控制平台。上位机 PC 可以作为文件服务器和工作站，通过网络接口卡与由网线搭建的树形拓扑结构的交换式以太网（局域网）这种传输介质通信，来控制网络中作为附属设备的伺服控制系统。以太网通信原理如图 2.40 所示。

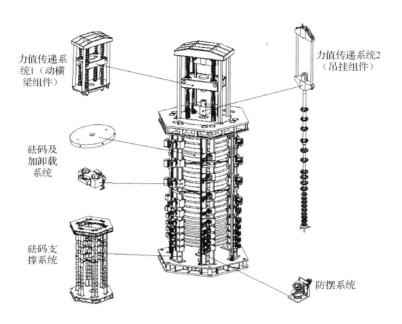

力值传递系统1（动横梁组件）

力值传递系统2（吊挂组件）

砝码及加卸载系统

砝码支撑系统

防摆系统

图 2.39　1MN 静重式力标准机主机结构图

控制系统总模型框图由主控计算机、以太网交换机、串口服务器、伺服驱动单元、位移传感器、智能仪表等组成。其中以太网交换机是基于以太网传输数据的机器，主要起到交换机的功能，其全双工的工作方式，对多个端口同时进行通信和无冲突传输。

上位机 PC 直接通过以太网将通信信息发送到以太网接口，然后由以太网接口的伺服控制器再通过此接口与上位机进行全双工通信，最终实现通过网络控制伺服驱动单元的目的。以太网卡主要用于提供转换接口。其通信逻辑和微机的串口是类似的。数据经先进先出（first input first output，FIFO）队列形式串行收发，然后采用 CRC-16/32 进行校验。

如图 2.41 所示的 1MN 力标准机控制原理图中，一台服务器中可将 16 个串口设备接入以太网。所以这里使用 6 台串口服务器即可满足全部 58 个伺服驱动单元全部接入以太网要求，同时保证每对框架立柱上面安装一个串口服务器，提供尽量短的 RS232 输出线路，尽量避免信号衰减和外界干扰。这样既节省成本，又能够方便安装，提高通信质量。

设置网口通信格式时，在主控微机上安装用于进行发送和接收数据的测试的 PComm Lite 软件和用于网络内部 NPort 服务器设置的 NPort Administrator 软件。

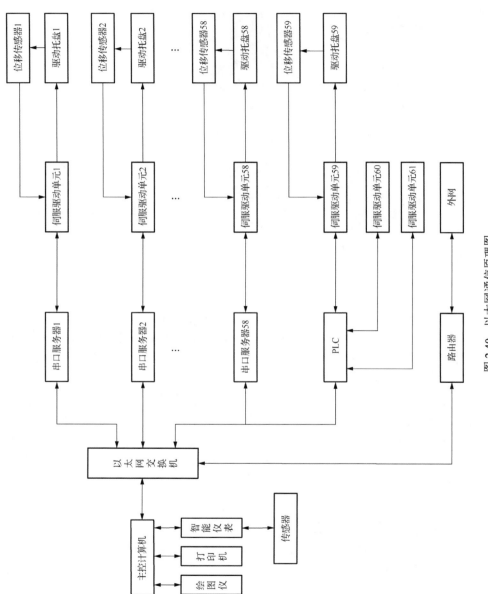

图 2.40 以太网通信原理图

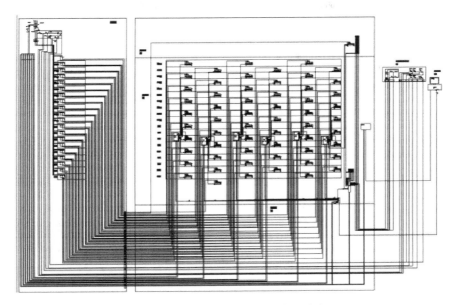

图 2.41　1MN 力标准机控制原理图

不同的虚拟串口对应着不同的伺服驱动单元。仅以一号立柱为例，虚拟串口分配情况如表 2.3 所示。

表 2.3　一号立柱虚拟串口分配情况

项目	分配号码									
虚拟串口号码	20	21	22	23	24	25	26	27	28	29
伺服驱动单元	1号 1层	1号 3层	1号 5层	1号 7层	1号 9层	1号 11层	1号 13层	1号 15层	1号 17层	1号 19层
IP 地址	192.168.0.200									
子网掩码	255.255.255.0									
域名解析服务器	202.98.18.3									

根据本设备设计要求，建立如图 2.42 所示的 1MN 静重式力标准机的人机交互界面。人机交互界面包括主界面、手动调机界面、负荷特性设置界面、蠕变特性设置界面等，后台模块主要包括全自动砝码选择模块、伺服驱动模块、吊挂监控模块、负荷特性试验过程模块、蠕变试验过程模块、实验数据处理模块等。

小结：静重式力标准机的工作自动化和数据传输网络化是提高精度和工作效率的需求，也是技术发展进步的必然结果。除一般的控制作用与方法以外，三十年的实践表明，作者提出和实际应用的理念，尤其是以实时显示、动画表征为特征的工作模式具有显著特点和特别有益的效果。它将控制、监视、形象化显示、人机对话简单操作、故障诊断、数据处理融于一个界面，具有"傻瓜式"操作、免工作维护、可靠工作、可信数据的基本特征。

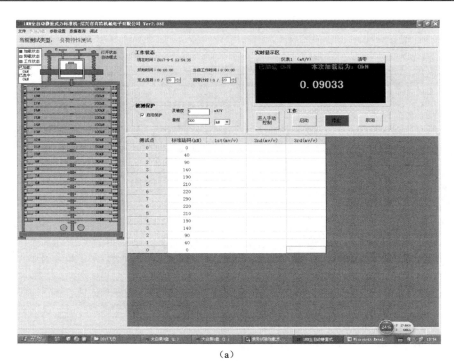

(a)

(b)

图 2.42　1MN 静重式力标准机的人机交互界面

2.5 静重式力标准机设计应用实例

静重式力标准机具有其他种类设备无法比拟的精度高的优点，在力值计量检测领域中得到了广泛的应用，本节列举作者研制或改造的几种不同量程范围、不同结构形式的静重式力标准机。

2.5.1 大规格静重式力标准机设计和应用实例

静重式力标准机的额定输出载荷在 100kN 以上时，由于体积、造价等原因，一般使用的较少，这里定义大于 100kN 输出载荷时为大规格。本节以 1MN 和 500kN 两种规格的电动独立加码全自动静重式力标准机为例，介绍其设计和应用情况。

1. 1MN 全自动静重式力标准机

应用单位：浙江省计量科学研究院。
结构形式：笼形机械构架，中心吊挂。
加载方式：伺服电机驱动独立加码。
精度等级：优于 0.003。
工作效率：20s/级。
力值范围：10～1000kN。
工作方式：微机以太网控制，全自动工作。

图 2.43 和图 2.44 分别为 1MN 电动独立加码全自动静重式力标准机的部分结构和整体效果图，表示该机的结构组成、外形轮廓。

1）设计基本参数
额定载荷：1MN（拉压双向）。
工作空间：650mm（宽）×1200mm（高）。
砝码加卸时间：10～30s。
力值误差：0.005%（当量）。
加载级数：以 10kN 为最小分级直至 1MN。
吊挂摆动幅度：小于 3mm。
砝码质量误差：0.001%。
被测试件受力方向最大变形量：10mm。

2）加码方法

采用电动独立加码方式，以伺服电机作为动力源，通过减速机带动偏心轮机构将运动和动力输出，带动砝码实现加卸运动和动作。运动的位移由位移传感器检测。

图 2.43　1MN 电动独立加码全自动静重式力标准机部分结构图

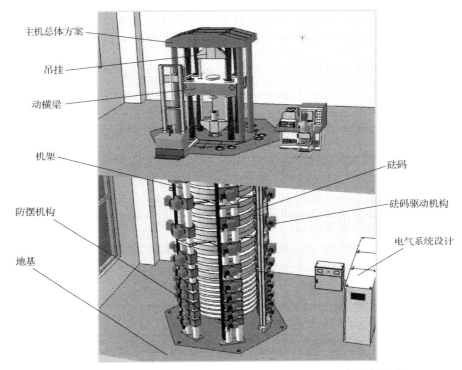

图 2.44 1MN 电动独立加码全自动静重式力标准机整体效果图

3）砝码组合

（1）砝码重力的标称值及组合方式。

参考国内外同类设备的砝码配置情况，拟定 1MN 静重式力标准机的砝码组合如下：10kN（吊挂）、10kN、10kN、10kN、10kN、20kN、20kN、20kN、20kN、30kN、50kN、50kN、50kN、100kN、100kN、100kN、100kN、100kN、100kN、100kN。共 19 块砝码，总质量 1010kN，采用倒塔形安装。可实现以 10kN 为最小载荷分级，施加任意不大于 1MN 的载荷。

（2）砝码材质：Q235 热轧低碳钢板。

优点：材料密度均匀性好，材料容易获得，易于加工制造。

砝码形状与结构：外形呈圆盘形，10t 规格砝码分为两体制造，使单块砝码质量控制在 5t 左右，一是易于质量计量，二是易于加工制造，三是方便装配。目前已知的 10t 规格砝码多为两体组合而成。

（3）砝码表面处理。

采用化学镀镍磷合金的表面处理方法。

（4）砝码与吊挂承载托盘、砝码加卸驱动装置的接触。

接触部位采用合金钢，并采取耐磨处理。

4）总体结构

如图 2.45 所示，1MN 静重式力标准机总体结构分为机架、砝码驱动机构、防摆机构、砝码、吊挂组件、动横梁组件。其中机架采用六角形结构，12 根支撑立柱构成机架；砝码采用三点支撑，每一点采用电动驱动机构实现砝码的升降；砝码驱动机构设计分为三种规格，即 10kN、20kN、30kN、50kN，100kN；反向架、中心吊挂、托盘构成吊挂系统，动横梁由伺服电机蜗轮蜗杆滚珠丝杠驱动，承担被检传感器和吊挂的重力，并使吊挂系统升降就位；吊挂底端加摆动监测及防摆机构。

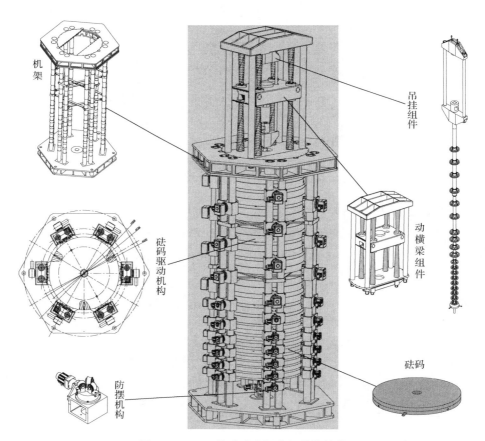

图 2.45　1MN 静重式力标准机总体结构

5）传动原理

1MN 静重式力标准机的传动原理如图 2.46 所示。其中动横梁的上下移动采用伺服电机驱动丝杠螺母机构；滑块的上下移动运用了凸轮机构，它由伺服电机

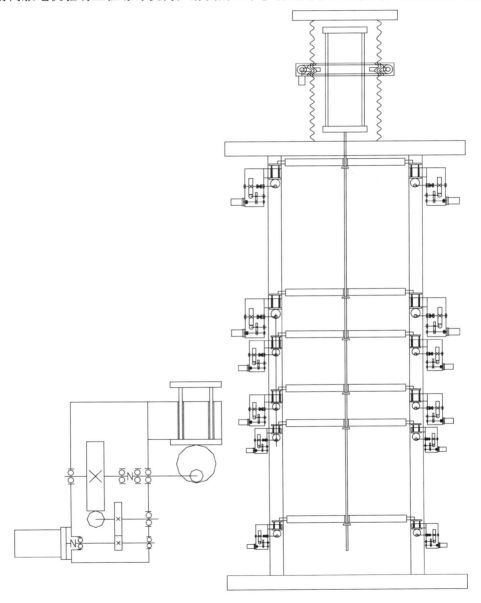

（a）砝码驱动机构传动原理   （b）整机传动系统原理

图 2.46 1MN 静重式力标准机的传动原理

经减速机带动偏心轮转动实现滑块的上下移动。机器上的所有砝码驱动机构的传动原理相同。

6）工作控制

控制系统采用微机集中控制管理，工业以太网加串口通信的控制方案，通过设计和编写微机程序，实现静重式力标准机全自动化工作的目标。具体控制方式见 2.4.3 节内容。

7）砝码驱动机构

砝码驱动机构原理模型如图 2.47 所示，力学模型如图 2.48 所示，根据机械机构和承载情况建立简化计算模型如图 2.49 所示，据此可以进行砝码驱动机构的运动和动力计算。其中 $W/3$ 是采用三组驱动机构均匀承载时每组砝码驱动机构承受的砝码重力，点 A 是砝码重力作用点，点 B 是最大偏心距点，F 是由正压力引起的摩擦阻力。

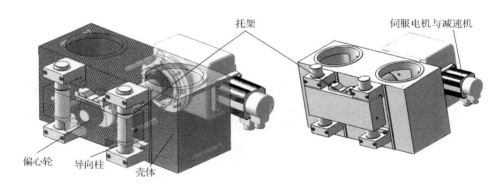

图 2.47　砝码驱动机构原理模型

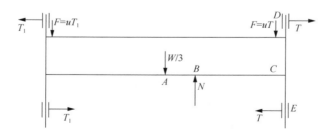

图 2.48　砝码驱动机构力学模型

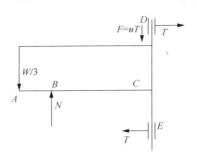

图 2.49 砝码驱动机构简化计算模型

8）防摆机构

如图 2.50 所示的防摆机构三维图中，利用三爪卡盘原理工作，运动和动力传动路线为电动机—减速器—端面螺纹—防摆轮。防摆机构工作时，防摆轮在端面螺纹驱动下沿径向移动，将吊挂杆夹紧，防摆松开时进行力值计量。吊挂杆端部的摆动量采用六个位移传感器进行检测，并通过数学计算解算出偏心距的大小和方向。

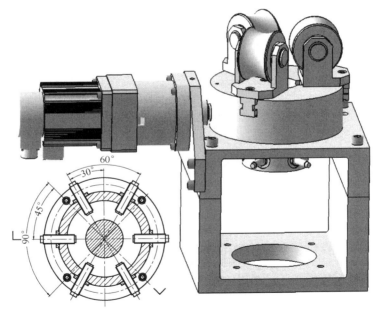

图 2.50 防摆机构三维图

9）吊挂

吊挂重力 10kN，运用有限元计算方法，以最优化的结构，利用普通结构钢材质实现了结构轻量化，是迄今同类规格最轻的吊挂，它作为一级砝码使用。

10）设备基础

图 2.51 为设备基础与底座，为使设备基础达到稳固、长期无下沉现象的目标，打基桩数量 10 根，深度 2m 以上，地基承载能力 1000t 以上。二次浇注混凝土结构应有钢筋骨架。同时，为了安装设备方便，设备地脚螺钉安装处预留孔，在设备安装后浇注混凝土。设备底座与地面之间安装垫铁，以支撑设备，并可以根据需要调整设备的水平状态。同时，设备底座与地面之间的距离用以设备安装时紧固螺母之用。

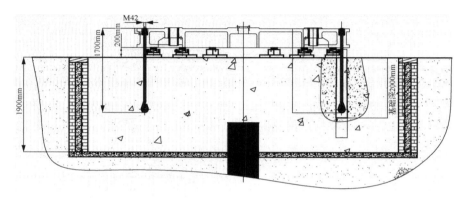

（a）基础

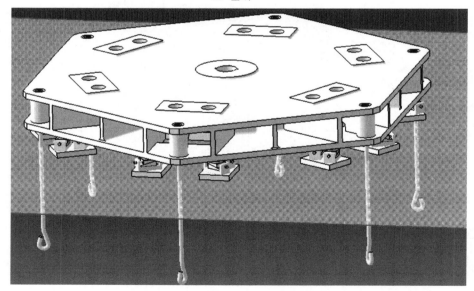

（b）底座

图 2.51　设备基础与底座

为调整水平,设备采用 12 个可调整高度的垫铁。调整时,先采用千斤顶将设备顶起,调整后再卸下千斤顶。

2. 50t 电动独立加码静重式力标准机

1)基本结构组成

50t 静重式力标准机设备整体结构示意图如图 2.52 所示。

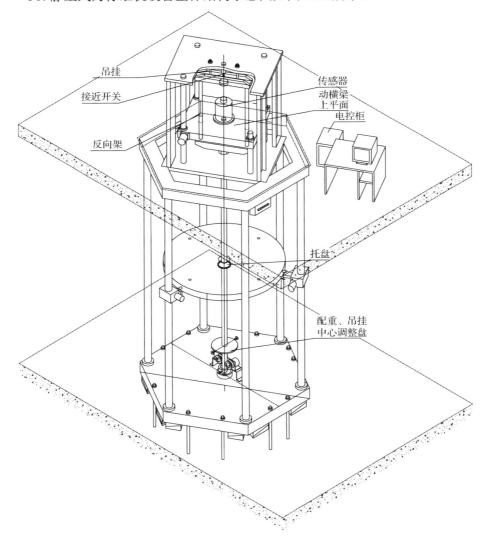

图 2.52 50t 静重式力标准机设备整体结构示意图

如图 2.53 所示的 50t 静重式力标准机结构图,主机采用笼形框架结构,砝码安放在框架上，由电动独立加码机构实现砝码的升降运动，砝码施加到中心吊挂的托盘上，经吊挂上部的反向架将力作用到被检传感器上。

砝码质量的标称值及组合方式：500kg（吊挂）、500kg、1000kg、1000kg、1000kg、1000kg、1000kg、1000kg、1000kg、1000kg、1000kg、2000kg、2000kg、2000kg、2000kg、2000kg、5000kg、5000kg、5000kg、5000kg、5000kg、5000kg。共 21 块砝码，总质量 50000kg，采用倒塔形安装。

工作状态：检定 10000kg、20000kg、50000kg 传感器时，可以 10 级等间隔直接加卸载。检定 5000kg、15000kg、25000kg、30000kg、35000kg、40000kg、40000kg 传感器时，以 5～9 级等间隔直接加卸载。可以 500kg 为最小载荷分级，施加任意不大于 50t 的载荷，需要交换砝码。

（a）上部　　　　　　　　　　　　　　（b）下部

图 2.53　50t 静重式力标准机结构图

2）基本性能指标

（1）工作空间参数。

压向试验空间：600mm（宽）×800mm（高）。

压向工作台尺寸：ϕ200mm×80mm。

拉向试验空间：600mm（宽）×800mm（高）。

拉力连接器：上下 U 形拉力接头。

（2）负荷能力：50t。

（3）工作精度：优于 0.005%（当量）。

（4）中心吊挂承载方式，由电动机驱动的机构使砝码升降，达到加卸砝码的目的。

（5）加卸砝码及稳定总时间小于 30s。

（6）可任意选择欲加卸的砝码。

（7）全自动工作，人机交互对话，微机动画显示全部工作过程。

（8）备有半自动和手动功能，满足特殊试验和调机需要。

（9）控制方式：微机+西门子可编程逻辑控制器，全自动控制。

（10）设备尺寸：3m×3m×7m。

（11）设备质量：约 95t。

（12）地基要求：混凝土地基，厚度大于 1000mm，每年下沉不大于 0.5mm。

（13）设备总功率：约 20kW。

（14）设备使用条件

环境温度：5～38℃。

相对湿度：≤85%。

大气压力：80～106kPa。

周围不应有高浓度粉尘及腐蚀性气体存在，不能在易燃易爆的环境中使用和贮存，应有良好的通风条件。

设备安装现场应有良好的通风条件，便于设备热量的散出。

电源电压：AC 380(1±10%)V。频率：50(1±2%)Hz。三相四线制。

接地电阻≤10Ω。

3）力标准机的计量性能

满足 R60 建议/C3～C6 级称重传感器型式评定力标准器的计量性能，试验内容：传感器最大允许误差（误差包逻线）包括非线性、滞后和灵敏度温度影响；蠕变、最小静负荷输出恢复和重复性误差。

（1）加卸荷时间。

符合 R60 建议 5.2 条确定误差限（误差包逻线）初读数的加卸荷时间的规定（读数前的加荷和负荷稳定所需时间）。

单工位：每加或卸一级负荷（砝码）的时间间隔为 30s，包括加或卸荷的时间和读数（采样）前等待砝码稳定的时间。

（2）力标准机的技术指标。

砝码质量的相对扩展不确定度：不大于砝码标称值的 0.001%（$k=3$）。力标准机各级负荷（质量值）的重复性：≤0.005%；力标准机各级负荷（质量值）的误差：≤±0.005%。

4）技术特点

50t 静重式力标准机电动独立加码工作方式使砝码任意组合拓展加载自由度，降低制造成本；运用砝码自动交换技术，实现以最少数量的砝码达到最宽的测力范围，简化机械结构；运用微机和可编程逻辑控制器实现了力标准机这种具有大质量运动件且结构体积庞大、复杂的装备工作过程的全自动化，实现了工作过程形象化自动监控及其他目标。并依照国际标准和企业的特殊需要进行数据处理和管理；完全满足 R60 建议关于传感器试验加载时间和试验方法的要求，任何载荷加卸载时间均可以不大于 20s；成熟组件模块化构造设计与精益制造有机结合，完善的软件和监控功能有效配合，使设备可靠运行并免予维护；使用方便，操作简单，仅需简单培训或者参考使用说明书即可自行操作。

2.5.2　10kN 以下电动独立加码静重式力标准机实例

较小规格的电动独立加码静重式力标准机，由于其独特的效率、精度、自动化、性价比的优越性得到广泛重视和应用。此类力标准机的基本工作原理与上述 1MN 静重式力标准机相同，不同的是结构更简单。

静重式力标准机常用三种结构形式，即如图 2.54 所示的龙门框架结构，具有结构简单、刚性好的特点；如图 2.55 所示的箱式结构，具有整机稳定性好、可以安放高低温试验箱的特点；如图 2.56 所示的单臂式结构更适合于 1kN 规格以下的设备，因为砝码重力小，可以采用单个电动机驱动升降，结构更简单。

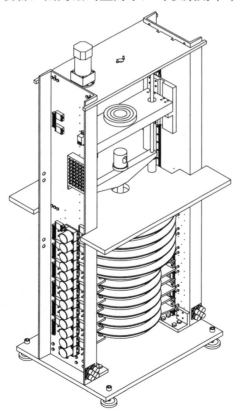

图 2.54　龙门框架结构

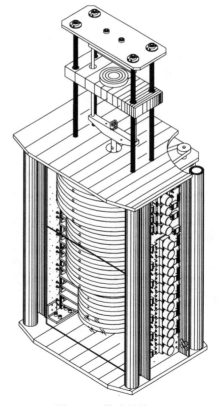

图 2.55　箱式结构

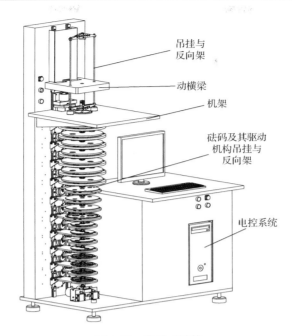

图 2.56　单臂式结构

10kN 静重式力标准机主要技术指标如下。

力值范围：10kN（拉压双向）。

工作空间：根据用户需要。

砝码组合：根据用户需要。

力值准确度（误差）：<0.005%。

力值施加时间：任意级约 6s，数据稳定和读取设为约 10s；蠕变试验加荷时间不大于 10s。

工作过程自动化，包括自动施加载荷、自动控制和稳定值的大小、自动采集和处理数据。除自动工作方式外，还可以用手动和半自动方式工作。

可以实现检测项目：负荷传感器及其他测力仪的负荷特性。

设备总功率：约 2kW。

设备尺寸：1200mm×1200mm×2600mm。

驱动安全系数：大于 2。

砝码与中心吊挂之间空间（非使用时）：左右大于 15mm，上下大于 24mm。

电子元器件的选用要性能优良、可靠。

设备使用条件如下。

环境温度：5～38℃。

相对湿度：≤85%。

大气压力：80～106kPa。

周围不应有高浓度粉尘及腐蚀性气体存在，不能在易燃易爆的环境中使用和贮存，应有良好的通风条件。

设备安装现场应有良好的通风条件，便于设备热量的散出。

电源电压：AC 220(1±5%)V。频率：50(1±2%)Hz。

接地电阻≤10Ω。

如图 2.57 所示的系统工作软件界面，把需要进行监控的各个部分用与之形状相似的图元（图符）显示在界面上，从而在计算机屏幕上形成可以直观、形象、全面表达设备机械结构的动画模型，建立设备的工作部件与屏幕上动画部件之间的联系，实现工作状态以动画形式表示和鼠标点击动画部件发出控制指令的功能。

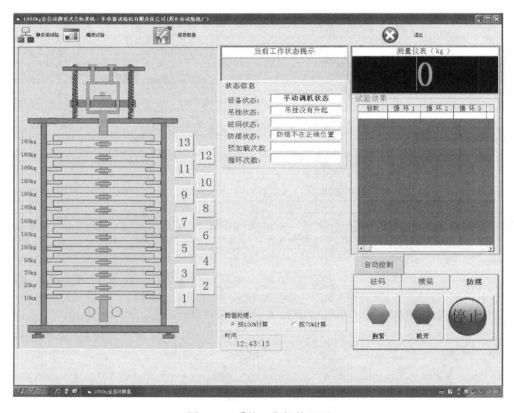

图 2.57　系统工作软件界面

10kN 静重式力标准机采用 0～10000N 五级加载，实验数据如表 2.4 所示，重复性 0.0015%FS，直线性-0.012%FS，滞后 0.022%FS。

表 2.4　10kN 静重式力标准机实验数据

载荷/N	循环 1/(mV/V)	循环 2/(mV/V)	循环 3/(mV/V)
0	−1	0	−1
2000	61153	61155	61155
4000	122315	122319	122315
6000	183494	183495	183497
8000	244679	244680	244678
10000	305885	305886	305881
8000	244723	244725	244721
6000	183565	183564	183561
4000	122388	122386	122386
2000	61214	61213	61212
0	1	0	0

2.5.3　分立吊挂静重式力标准机实例

图 2.58、图 2.59 分别为 1000kg 分立吊挂静重式力标准机的结构示意图与外形图。

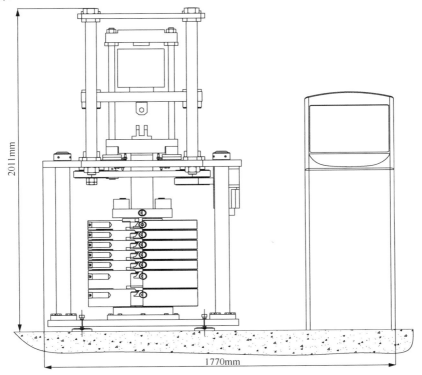

图 2.58　1000kg 分立吊挂静重式力标准机结构示意图

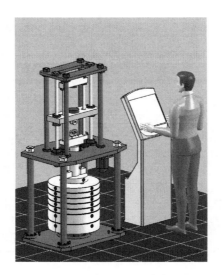

图 2.59　1000kg 分立吊挂静重式力标准机外形图

1. 结构与外形效果

外廓尺寸：2011mm×1770mm×700mm。

特点：结构简洁，触摸屏操作控制，自动工作，高精度、高效率、工作可靠。

2. 基本参数

（1）砝码组合：100kg（吊挂）、100kg、100kg、100kg、100kg、100kg、200kg、200kg。共计 7 块砝码。

注：可以检测 500kg、1000kg 的传感器，检测点数为 5。检测 600kg 的传感器，检测点数为 6。

表 2.5 为 1000kg 机器砝码组合与所检测的传感器实例。左边第一列为被检传感器的规格，圆圈内的数字表示加载级数。例如，第三行左侧的 1000 表示被检传感器的规格为 1000kg，①表示第一级载荷，它通过施加砝码 100kg 和 100kg实现，④表示第 4 级载荷通过施加 200kg 砝码实现。

表 2.5　1000kg 机器砝码组合与被检传感器

设备规格/kg	砝码质量/kg							
	100	100	100	100	100	100	200	200
500	①	②	③	④	⑤	—	—	—
600	①	②	③	④	⑤	⑥	—	—
1000	①	①	②	②	③	③	④	⑤

（2）精度等级：0.01。

（3）工作空间：拉压双向，310mm（高）×260mm（宽）。

（4）效率：加载 10s/级。

（5）工作方式：全自动、半自动、手动任选。

（6）总重：约 2t。

（7）总功率：2kW。

3. 控制

系统操作包括输入实验工作参数和发出机器工作指令，其中输入实验工作参数包括传感器规格、检测点数、检测循环、数据计算方法等。

2.5.4　小力值静重式力标准机实例

如果说质量在 5～1000g，即使是采用人工方式可以将相应的质量砝码施加到测力仪上，但是对于更小一点的重力砝码，一般人力就不可及了，运用机械装置应该是首选甚至是唯一方式。

在尺寸大小和质量上，可以做到用砝码复现力值，并通过机械装置对被检测力仪施加微小载荷的系统，这里定义为小力值静重式力标准机。在国家力值传递体系里面，力值的起始点是 10N，小力值定义的范围为 0.1～10N。假如仍然采用钢材作为砝码材质，一个 10N 的重力砝码，其体积只有 50.76mm^3，不足半个小指尖大小；而一个 0.1N 的砝码约为 10.94mm^3。假如把砝码材质替换成密度更低的材料，比如铍合金或者镁合金，体积也只有上述钢质材料砝码的 4.3 倍。在这个尺寸范围内，制作静重式力标准机是比较容易实现的。

小力值的静重式力标准机，其吊挂重力自然是必须被平衡掉的。图 2.60 为一种小力值静重式力标准机的结构示意图。

1. 组成

小力值静重式力标准机的结构组成、工作原理，与前述的静重式力标准机基本相同，包括吊挂、砝码、平衡杠杆系统、机架、动横梁移动电动机和砝码加卸电动机。如果说特殊的话，至少包括三个方面：一是吊挂，它自身不会被作为砝码使用，必须平衡掉；二是砝码，由于体积较小，所以制造难度较大。同时，驱动砝码的加卸机构制造也有相当难度；三是环境影响，由于力值较小，设备周围的空气流动、空气振动、周围环境的振动等是力标准机设计制造和使用时必须考虑的因素。

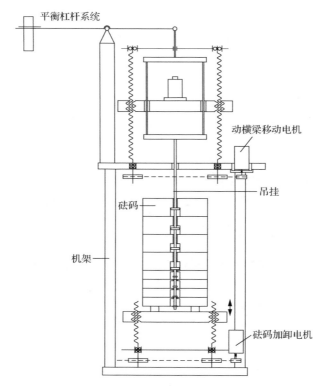

平衡杠杆系统

动横梁移动电机

吊挂

砝码

机架

砝码加卸电机

图 2.60　小力值静重式力标准机结构示意图

2. 工作原理

如图 2.60 所示的小力值静重式力标准机，在初始状态时（传感器空载），由杠杆平衡系统将吊挂系统的重力平衡掉，如此作用于传感器上的作用力仅仅是砝码的作用力了。最小砝码重力可以小于 0.1N。

由砝码加卸电动机驱动砝码做升降运动，对传感器施加砝码重力。施加的办法是按顺序依次施加（自动式、半自动式），也可以自由施加（手工加卸砝码）。当然，采用前述的电动独立加码等方式也是很好的选择。

砝码加卸完毕后，必须操纵横梁移动电动机使得平衡杠杆恢复到初始平衡状态。在力值稳定后就可以读取数据了。

3. 性能指标

在抛开上述空气环境因素后，小力值静重式力标准机的力值准确度等级不会低于较大力值的水平。

力的准确度等级：优于 0.003。

力的范围：0.1～10N。

加载时间：10s 左右。

2.5.5　静重式加载装置其他应用实例

采用重力砝码作为力源，对工作装置施加作用力，是最常见的准确加载方式。只是由于结构和成本问题应用受到限制。但是在需要精确加载的场合，除作为力标准机使用以外，还有许多应用场合。比如试验机里面的持久蠕变试验机的加载系统、传统摆锤万能试验机的摆锤、静态测压法中的标准铜柱测量、硬度计等。

1. 膛压测压铜柱标定

武器弹药的膛压测定的静态测量法中，一般采用标准铜柱测量[24]。铜柱需要进行标定，如图 2.61 所示的用于标定铜柱的静重式加载装置。圆柱形紫铜柱（试件），通过重力砝码施加与铜柱同轴的重力。

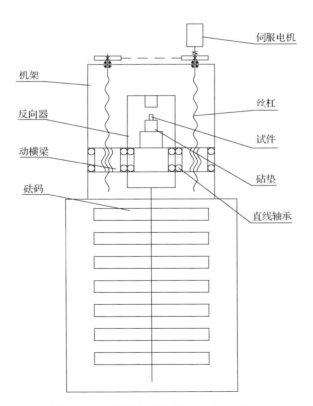

图 2.61　用于标定铜柱的静重式加载装置

实际上这是一种特殊的静重式力标准机。它要求重力必须与试件同轴,为此,必须保证动横梁水平运动,吊挂的中心线与试件中心线重合。在动横梁两端设置只允许垂向运动的滚动导轨导向;为使试件上下的砧垫平行,确保对试件施加铅垂方向的载荷,避免侧向力作用,反向器与动横梁通过一对特别的直线轴承接触。由于直线轴承是滚动摩擦,其引起的力值误差小于十万分之一,可以忽略不计。

对试件的加载速度由伺服电机驱动的横梁的运动速度决定。通过调节和控制伺服电机的转速可以达到精确控制加载速度的目的。

2. 静重式标准硬度计

静重式硬度计是一种利用砝码重力对压头施加载荷,并作用到试件上的一种硬度计量方法。它的工作原理与图 2.60 相同,图中将试件更换成被检测硬度的试件就是静重式硬度计了。

小结:在目前技术条件下,至截稿时间为止,作者研制了目前国内规格最大和规格最小、国际上自动化程度最高、精度最高、效率最高、结构最简单、制造成本最低、操作最简单、可靠性最高的静重式力标准机。以 500kN 和 1MN 静重式力标准机为例,自正常投入使用以来,基本上为每日 16 小时工作制,没有出现影响工作的故障;施加一级载荷的时间 20s 左右。尤其以 500kN 静重式力标准机为例,迄今连续工作时间已达十年之久,中间不需要任何诸如加注润滑油、更换易损件之类的维护工作。很好地体现和验证了作者三十多年倡导的机器设备工作免维护的设计理念。技术数据和实际应用证明了这些之最的实至名归。

参 考 文 献

[1] 蔡正平. 力值与硬度计量手册[M]. 北京: 科学出版社, 1980.

[2] 李孝武, 刘景利, 刘焕桥. 力学计量[M]. 北京: 中国计量出版社, 1999.

[3] 李庆忠. 负荷传感器检定测试技术[M]. 北京: 中国计量出版社, 1990.

[4] Weiler W W, Schuster A. A compensating lever and its control system for compensating the force of the frame of a deadweight force standard machine[J]. Mechanical Problems in Measuring Force and Mass, 1986: 175-185.

[5] Schlegel C, Slanina O, Haucke G, et al. Construction of a standard force machine for the range of 100μN-200mN[J]. Measurement, 2012, 45(10): 2388-2392.

[6] Jain S K, Kumar H, Titus S S K, et al. Metrological characterization of the new 1MN force standard machine of NPL India[J]. Measurement, 2012, 45(3): 590-596.

[7] Zhang Z M, Zhang Y, Zhou H, et al. A full-automatic 1MN deadweight force standard machine[J]. Acta Metrologica Sinica, 2008, 29(1): 65-68.

[8] Yu L J, Zhang X C, Wang X. A novel weight loading method in the 20kN deadweight force standard machine[J]. MAPAN, 2015, 30(1): 71-76.

[9] Park Y K, Kang D I. Pendulum motion of a deadweight force-standard machine[J]. Measurement Science & Technology, 2000, 11(12): 1766-1771.

[10] Park Y K, Kim M S, Kim J H, et al. 100kN deadweight force standard machine and evaluation[J]. Journal of Mechanical Science & Technology, 2006, 20(7): 961-971.

[11] Hayashi T, Katase Y, Maejima H, et al. Recent renovations of dead-weight type force standard machines at NMIJ[J]. Measurement, 2013, 46(10): 4127-4134.

[12] Ohgushi K, Ota T, Ueda K. Uncertainty evaluation of the 20kN·m deadweight torque standard machine[J]. Measurement, 2007, 40(7): 797-802.

[13] Titus S S K, Jain S K. Establishment and development of torque metrology in CSIR-NPL for providing the traceability in torque measurements to user industries[J]. MAPAN, 2013, 28(1): 11-16.

[14] Titus S S, Vikram, Girish, et al. Metrological characterization of the vickers hardness primary standard machine established at CSIR-NPL[J]. Journal of the Institution of Engineers, 2017, 99(1): 1-7.

[15] 李庆忠, 李宇红. 力值、扭矩和硬度测量不确定度评定导则[M]. 北京: 中国计量出版社, 2003.

[16] 张学成, 韩春学, 于立娟. 独立加卸砝码静重式标准力源装置: CN200810051182. X[P]. 2010-08-04.

[17] 唐纯谦. 力值计量标准现状及研究进展[J]. 中国测试, 2009, 35(3): 11-16.

[18] 张智敏, 张跃, 周宏, 等. 全自动 1MN 静重式力标准机[J]. 计量学报, 2008, 29(1): 65-68.

[19] 刘涛. 力标准机独立加码及砝码交换问题的研究与应用[D]. 长春: 吉林大学, 2007.

[20] Singiresu S. Rao. 机械振动(第 4 版)[M]. 李欣业, 张明路, 译. 北京: 清华大学出版社, 2009.

[21] 唐纯谦, 张学成, 于立娟, 等. 力标准机独立加码与逆程交换研究[J]. 计量学报, 2007, 28(3): 266-271.

[22] 张学成, 王海军. 一种消除逆负荷现象的方法、装置及其应用: CN201310172554.5[P]. 2016-02-10.

[23] 张学成, 周长明, 于立娟, 等. 力标准机加载过程砝码倒换控制方法[J]. 吉林大学学报(工学版), 2006(s2): 79-83.

[24] 杨丽侠. 我国火炮膛压塑性测压的计量发展研究[C]. 2013 年力学计量测试技术学术交流会, 福建, 南平, 2013: 1-4.

3 杠杆式力标准机

从杠杆理论上来说，只要使用足够大质量的物体就可以产生任意大的作用力，但是毕竟足够大的质量和任意大的杠杆比会造成相应的机器体积庞大，经济性显著降低。如图 3.1 所示的 4.45MN 静重式力标准机是迄今为止世界上最大的静重式力标准机[1]，位于美国国家标准与技术研究院（力值范围 222kN～4.448MN）。在中国，最大的静重式力标准机能达到 1.1MN[2]，1MN 及以上规模的静重式力标准机只有 4 台，分别是中国测试技术研究院的 1MN 力基准机、中国航天科技集团公司第一研究院 102 所 1MN 力标准机、中国计量科学研究院 1MN 静重式力标准机（最大 1.005MN）、浙江省计量科学研究院 1MN 静重式力标准机（最大 1.01MN）。实际生活中，在许多场合采用重力放大的方法产生精密力值，构成各种杠杆式力标准机（lever-amplification force standard machine，LM），也称杠杆式力校准机。其中常用的方法有两种，一种是机械杠杆放大，另一种是基于帕斯卡原理的液压放大。机械杠杆放大式力标准机，本质上是一种不等臂天平，力源仍然是重力，是一种将重力进行放大的测力设备。由于杠杆式力标准机本质上是静重式力标准机增加了放大机构和装置，故其结构比普通常用的静重式力标准机更为复杂，受支撑结构的限制，杠杆式力标准机的规格一般都不是太大，也可以作为特殊的精密力源装置使用。已知的最大规格杠杆式力标准机是如图 3.2 所示的位于德国测试计量公司（Gassmann Theiss Messtechnik GmbH，GTM）[3] 2MN 杠杆式力标准机，标称测量不确定度可达 $2 \times 10^{-5} \sim 2 \times 10^{-4}$。中国目前已知最大规格的杠杆式力标准机是如图 3.3 所示的 1MN 杠杆式力标准机，常见于各省级计量部门。

杠杆式力标准机的核心技术问题，除了与第 2 章静重式力标准机的核心技术问题相同以外，还由于杠杆放大衍生出了放大过程中的一些技术困难：杠杆支点的结构、杠杆体本身的刚性、在进行力值计量时保证杠杆的平衡。

力值计量传递领域应用的杠杆式力标准机的种类有多种形式：根据杠杆比是否可以受控制地改变，可以分为定比杠杆式力标准机和变比杠杆式力标准机；除了传统意义上通过杠杆比对重力放大的基本工作方式之外，还可以通过杠杆比对重力进行缩小，因此可以有杠杆缩小式的杠杆式力标准机；根据采用杠杆的数量种类不同，还可以分为单杠杆和双杠杆式力标准机。

图 3.1 4.45MN 静重式力标准机

图 3.2 2MN 杠杆式力标准机

图 3.3 1MN 杠杆式力标准机

　　基本上可以认为杠杆式力标准机是静重式力标准机的经济替代型设备。现有常用的已知规格为 100～2000kN，这是经过实践验证的比较适宜的、性价比合理的适用力值范围。对于单台设备而言，力值计量范围一般都是 1∶100，即一台 1MN 规格的杠杆式力标准机，满足力值准确度等级要求的最大力值 1MN，最小力值 10kN。

　　杠杆式力标准机的力值范围与后续叠加式力标准机，在很大程度上重合。但目前，就市场保有量和新生产数量而言，杠杆式力标准机低于叠加式力标准机。究其原因，主要是认识问题。就作者的观点而言，至少在上述力值范围内，杠杆式力标准机要比叠加式力标准机具有明显的优势。所以研究发展杠杆式力标准机，尤其是运用先进技术和新方法以后，杠杆式力标准机具有的优势更鲜明。毕竟，所谓的叠加式力标准机是利用传感器检测传感器，被检测的传感器精度只可能低于标准传感器。加载过程中的所有误差都是个正反馈过程，与以重力做力源的杠杆式力标准机重力不变的特性相比，误差会显著增大。另外，高性能的标准传感器和二次仪表，其价格之昂贵令人瞠目结舌。为了使工作范围尽可能扩大，不得不配套若干只标准传感器，因此不但使用麻烦，而且造成误差，价格也急剧上升。表 3.1 为两种力标准机的比较，从精度、量程范围、效率、可信度、使用过程、蠕变试验、环境试验、价格指数八个方面作了对比，显然作者描述的杠杆式力标准机具有更好的性价比优越性。当然，以可靠、简单为目标的工作免维护和"傻瓜式"操作的理念，在这些工作装置（包括叠加式力标准机）的设计制造和使用中，都充分贯穿其中。

表 3.1　杠杆式力标准机与叠加式力标准机性价比

类别	精度	量程范围	效率	可信度	使用过程	蠕变试验	环境试验	价格指数*
传统定比杠杆式力标准机	较高,可达0.03 级	10%～100%	太低, 1～2min/级载荷	高,无不可信因素	手控动作，操作复杂；需要专门地基；需要日常维护；需要人工进行零点配平	不可做	可做,较难	1
本书定比杠杆式力标准机	高,十年使用实测值0.013 级	10%～100%	高，40～50s/级载荷	高,无不可信因素；使用放心	自动控制，可全自动工作，操作简便；不需要专门地基；日常免维护；零点自然配平	可做	可做	1.1
本书变比杠杆式力标准机	高,可达0.02 级	2%～100%	高，40～50s/级载荷	高,无不可信因素；使用放心	全自动工作，操作简便；不需要专门地基，也不需要日常维护；零点自然配平	可做	可做	0.6
叠加式力标准机	理论上可达0.02 级	更换传感器可达 10%～100%	高，40～50s/级载荷	可信度太低,严重依赖标准传感器和仪表；使用难以放心	全自动工作，操作简便；不需要地基；需要经常校准标准传感器；无配平问题；工作免维护	不可做	可做,太难	0.4～0.7注:如果使用高性能的传感器和仪表,价格无优势

*以传统杠杆力标准机为1，高于者大于1，反之小于1。

3.1　定比杠杆式力标准机

3.1.1　定比杠杆式力标准机的基本工作原理

最简单定比杠杆式力标准机是基于第一类杠杆放大原理的力标准机[4-5]，工作原理如图 3.4 所示，在杠杆式力标准机里面，这是目前应用最多的一类机器。

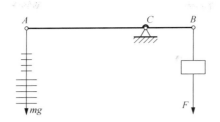

图 3.4　杠杆式力标准机工作原理

杠杆支点 C、重点 A、力点 B，杠杆放大比（也称杠杆比）为杠杆体点 A 到点 C 的距离与点 C 到点 B 的距离的比值 $i=L_{AC}/L_{CB}$，由此砝码的重力经杠杆放大后作用于传感器上的力 F，在略去所有可能的误差以后可以表示为

$$F = mg(1 - \rho_0/\rho) \cdot i \qquad (3.1)$$

转换后

$$m = \frac{F}{g(1 - \rho_0/\rho) \cdot i} \qquad (3.2)$$

杠杆式力标准机的杠杆比 i 直接关系到输出力值大小和力值误差。它的取值多大是合理的，在理论上和工程上没有确定论述。但是，i 的取值在考虑放大倍数的基本要求基础上，必须考虑两个因素：一是 i 越大，机器的结构将变得异常庞大；二是 i 会影响力值误差。

根据定义 $i=L_{AC}/L_{CB}$，计算得杠杆比误差为

$$d_i = (\mathrm{d}L_{AC} - i\mathrm{d}L_{BC}) / L_{BC} \qquad (3.3)$$

可见，在杠杆比确定的条件下，L_{BC} 越小杠杆比误差越大，所以不能够通过减小 L_{BC} 来增大 i。传统的杠杆式力标准机，一般 $i \leqslant 20$。作者的经验和试验表明，i 的取值一般不大于 60，L_{BC} 的取值不小于 75mm，可以获得不高于 0.01 的力值准确度。

3.1.2　定比杠杆式力标准机的误差与不确定度分析

影响杠杆式力标准机力值准确性的误差来源与静重式力标准机相似，也包括物理因素和机械因素，其中的物理因素增加了一个杠杆比 i，由此，设由于杠杆比引起的力值误差为 u_i，则物理因素对杠杆式力标准机输出力值 F 的相对不确定度分量表示为[6]

$$w_{lcm} = \sqrt{w_{c_0}^2 + (u_i/i)^2} \qquad (3.4)$$

杠杆比的相对不确定度可用 B 类方法进行评定。如果杠杆比的相对极限误差为 0.01%，则 $u_i/i = 0.01\% / \sqrt{3} = 5.8 \times 10^{-5}$。

在杠杆机的力值误差机械影响因素里面，还应该考虑支承的摩擦扭矩，因为无论如何支承的摩擦扭矩都是存在的。在如图 3.5 所示的受载后的杠杆体模型中，

A、B、C 三个支承点都会存在摩擦，由于平衡运动的随机性，这里三个支承点的摩擦扭矩方向是不确定的，但摩擦扭矩通常是可以忽略的，因为杠杆式力标准机的支承一般采用摩擦扭矩极小的支承形式[7]，例如刀口支承、滚动支承、流体支承或者弹性铰支，它们的摩擦力引起的误差相对于其他因素引起的误差很小，以至于可以在计算中忽略。

图 3.5　受载后的杠杆体模型

关于杠杆比 i，本质上是一个几何参数，它也取决于机器的设计制造和最终的检测。准确测量工作状态下支点之间的长度几乎是不可能的，实用的空载检测方法常用砝码比较。负载条件下的杠杆比精确检测往往是非常困难的，无论怎样测量方法都包含了支点摩擦扭矩的影响，因此杠杆式力标准机负载条件下的杠杆比取决于杠杆体的弯曲刚度。大刚度使得角度 α 和 θ 较小，小的 θ 角意味着力 F 更接近于垂直。受载后的杠杆比为

$$i' = \frac{L_{CB} \cdot \cos\alpha}{L_{CA} \cdot \cos\theta}$$

为了使得 i' 与 i 的偏差尽可能小，机器的结构设计应该使得角度 α 和 θ 尽可能接近，这是杠杆式力标准机结构设计时进行力学性能分析的一个特别条件，它首先不能因此造成允许的杠杆比的误差。

很显然，除非特别情况，按照式（3.4）进行力值的不确定度计算分析是非常困难的，原因就是摩擦力矩和杠杆比的误差计量。最终建立在实际输出作用力测量数据基础上的不确定度分析更为直接和简便。主要是杠杆比和摩擦扭矩的原因，杠杆式力标准机的力值不确定度等级比静重式力标准机要低。目前已知的实用准确度等级可以达到 0.01。

3.1.3　定比杠杆式力标准机的支承

杠杆式力标准机杠杆支点的支承方式是杠杆式力标准机正常工作的必要条件。它必须首先能够承受相应的载荷，在承载的基础上，不应该出现影响输出力值的摩擦存在。杠杆式力标准机上常用的支承方式是刀口支承和弹性铰支。特别地，可以采用气浮支承或者磁浮支承。

1. 刀口支承

支承是用于两个相对运动件相互作用的依赖，由运动件和承导件两个基本部分组成：运动件是指转动或在一定角度范围内摆动的部分；承导件是固定部分，用以约束运动件，使其只能转动或摆动。如图 3.6 所示的刀口支承是一种特别的滚动摩擦支承。刀口支承的运动件是刀；承导件即垫座[7]。刀的刃部是半径很小的圆柱面（半径的最小值可达 0.0005～0.005mm），当刀作摆动时，其瞬时转动中心为刀刃的圆柱面与垫座的接触点，由于刀刃的圆柱面在垫座表面上滚动，因此摆动中心是变化的。为使运动件在摆动后能保持平衡，运动件重心应该稍微低于摆动中心。刀口支承适用于运动件摆动角度不大的场合。当运动件摆动角度不超过 8°～10° 时，支承中的摩擦认为是纯滚动摩擦。

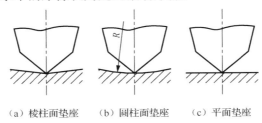

（a）棱柱面垫座　　（b）圆柱面垫座　　（c）平面垫座

图 3.6　刀口支承

由上述基本工作原理可见，只要能够恢复平衡位置，支承点中心不会改变；只要摆动角度很小，摩擦力可以忽略。当然由于理论上刀与刀座垫的接触理论上是线接触，应力无穷大，所以对于较大载荷的情况，刀刃的圆弧半径不应该太小。无论如何，运动件在载荷作用下产生的作用力应不大于刀和刀垫的材料承载能力。从理论上说，刀和刀垫的接触可以按照赫兹接触理论进行分析计算，以决定刀刃的半径、长度、材料等参数。刀口支承接触的计算模型如图 3.7，应力计算公式[8]为

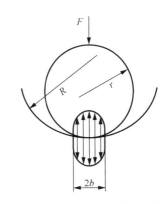

图 3.7　刀口支承接触的计算模型

$$\sigma_H = \sqrt{\dfrac{\dfrac{F}{L}(\dfrac{1}{r} \pm \dfrac{1}{R})}{\pi(\dfrac{1-\mu_1^2}{E_1} + \dfrac{1-\mu_2^2}{E_2})}} , \quad b = \sqrt{\dfrac{4F}{\pi L_b} \cdot \dfrac{\dfrac{1-\mu_1^2}{E_1} + \dfrac{1-\mu_2^2}{E_2}}{\dfrac{1}{r} \pm \dfrac{1}{R}}} \quad (3.5)$$

式中，F 是作用于接触面上的作用力；L_b 是接触长度；r、R、b 定义如图 3.7 所示；μ_1、μ_2 是材料的泊松比；E_1、E_2 是材料的弹性模量。

这种应力计算今天可运用有限元方法完成，重要的是加工制造工艺和合理的结构。刀口支承运动副的最后精加工一般都采取对偶研磨方法，所用的材料对于杠杆式力标准机而言适于应用合金钢。随着金属切削刀具材料技术的发展，刀口支承的优选材料满足高强度、高韧性、高硬度的最新要求，而刀口支承常用如图 3.8 所示的镀膜技术[9]。

（a）镀膜前的刀子

（b）镀膜后的刀子

（c）刀口支承运动副

图 3.8　刀口支承的镀膜技术

刀口支承的优点是摩擦小，以至于可以忽略，但是承载能力较差，存在磨损。不过采用新型刀具材料和制作工艺，承载能力水平大大提高，磨损也微乎其微。作者采用此技术设计制造的 60kN～1MN 的杠杆式力标准机，大部分使用已达十年，仍然无须更换刀口。

2. 弹性铰支理论分析

弹性支承是一种只具有弹性摩擦的支承，支承的摩擦力矩极小。在精密机械中，最常用的弹性支承的形式[7]通常有悬簧式、十字形片簧式、张丝式、吊丝式等，一般来说这些支承承载能力都比较小，悬簧式和十字形片簧式的回转中心还会移动。

这些铰支常见应用于仪器仪表中，虽然受结构限制，它们的承载能力都不可能太大，但说明了弹性铰支这种方式的有效性。对于需要承受大载荷的杠杆式力标准机，必然采用不一样的结构形式。杠杆式力标准机应用弹性铰支的成功例子是德国测试计量公司生产的杠杆式力标准机，采用的是应变可控弹性铰支[10]。工作时，铰支的弯曲应变是可控的，因此设计制造和检测控制也都十分复杂。尽管如此，应用应变可控弹性铰支的杠杆式力标准机最大载荷达 2MN，不确定度等级 0.01，这对于传统上杠杆机的不确定度等级一般不超过 0.03 来说，不能不说是个巨大的进步。可见，研究和推广应用弹性铰支技术，是杠杆式力标准机的重要内容。

1）弹性铰支阻力矩

本节仅考虑可实现单自由度回转的弹性铰支。铰支的基本功能是承受载荷并绕回转中心转动，而回转角度一般不会大。以短臂长 200mm，放大倍数 20 倍为例，若允许杠杆端部位移 5mm，则最大回转角度仅有 0.071°。同时，在允许的回转角度内，应当具有尽量小的阻力矩。这里所说的阻力矩为杠杆绕铰支转动时铰支对杠杆的反力矩，阻力矩的存在会对力标准机的输出造成误差。

为分析弹性铰支对于大载荷情况的应用可行性，建立如图 3.9 所示的悬臂梁的弯曲模型。

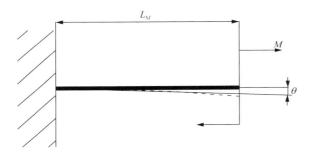

图 3.9　悬臂梁的弯曲模型

假设杠杆系统工作时，偏离平衡状态的角度范围很小，这可以通过限制杠杆体的运动范围实现。假设许用变形相对值为 δz，则杠杆的偏转角最大值为 $\theta_{max} = \arctan(\delta z)$。假设 $\delta z < 0.002$，计算得 $\theta_{max} < 0.12°$。因此在杠杆式力标准机中采用的支承可以认为是微动偏转的，这是弹性铰支在杠杆式力标准机中应用的一个特征。

在微小的转动角度内也会产生弯矩 M（相当于图 3.5 中的铰支点存在转矩），因为弹性铰支自身的刚度不可能无限小。弯矩 M 引起弹性铰支的偏转，设偏转角为 θ。不妨将弹性铰支的局部视为悬臂梁，弹性铰支弯曲应力测量贴片方式如图 3.10 所示。

由弯矩 M 引起的偏转角

$$\theta = \frac{ML_M}{EI} \qquad (3.6)$$

式中，L 为悬臂长度；E 为弹性模量；I 为截面惯性矩（截面设为矩形）。只要转角足够小，也就使得 M 同时变小了。

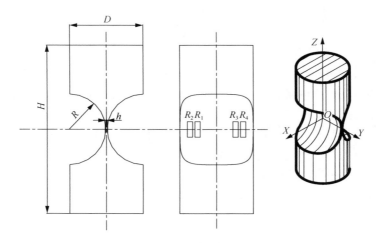

图 3.10　弹性铰支弯曲应力测量贴片方式

　　杠杆式力标准机由于 M 的存在引起的力值相对误差可用下式表示，图 3.11 为弹性铰支的计算模型。

$$\delta_{M\max} = \frac{M}{mgL_{AC}} \tag{3.7}$$

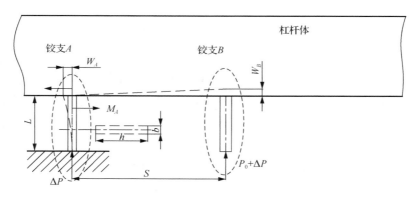

图 3.11　弹性铰支的计算模型

　　由于铰支 A 存在的力偶 M_A 会导致铰支 B 处输出力值 P 的误差，它总可以通过铰支 B 处沿作用力 P 方向的位移控制予以修正，但是位移的增量在工程上是有限度的。铰支 A、B 分别等效为悬臂梁模型，且为杠杆上最小距离的两个支点。铰支 A 的等效悬臂梁长度 l，A、B 铰支点距离 S，铰支 B 处承受作用力（假设为杠杆机的输出力）P。假设力值允许误差相对值为 $\delta_{M\max}$，计算力值为 P_0，则绝对力值误差 $\Delta P = \delta_{M\max} \cdot P_0$。由此引起的变形增量 W_B，假设杠杆为刚体，则铰支 A 处的变形增量 $W_A = W_B \cdot l / S$。根据力学原理，误差力值 ΔP 对铰支 A 的作用等效为

作用到铰支 A 处的作用力 ΔP 和一个力偶 $M = \Delta P \cdot S$。M 对铰支 A 悬臂梁产生变形 W_A 为

$$W_A = \frac{Ml^2}{2EI}$$

式中，E 为弹性模量；I 为截面惯性矩，$I = \frac{b^3 h}{12}$。于是

$$W_B = W_A \cdot \frac{S}{l} = \frac{Ml^2}{2EI} \cdot \frac{S}{l} = \frac{MlS}{2EI} = \frac{\Delta P \cdot S^2 l}{2EI} = \frac{\delta_{M\max} P_0 \cdot S^2 l}{2EI} \qquad (3.8)$$

即欲达到 $\delta_{M\max}$ 的最小误差，允许的最大位移增量 W_B。据此可以初步计算弹性铰支的基本尺寸。

根据式（3.6），可以反过来认为 M 是由于转角 θ 引起的，因此弯矩 M 的调整或消除可以通过调整转角 θ 来实现，而转角 θ 体现的是杠杆系统的平衡状况，自然可以通过杠杆系统的平衡调整使其改变。杠杆式力标准机的平衡调整最终是可以通过位移控制实现的，位移控制的精确度是保证误差小的决定性因素[10]。

以一种 300kN 杠杆式力标准机为例，l=50mm，S=110mm，E=2×10^{11}Pa。为满足强度基本需求，取 b=2mm，h=2×80mm。假设取 1%额定载荷的相对误差为 $\delta_{M\max} \leqslant 0.01\%$，计算得需要的位移控制精度 $W_B \approx 4\mu m$。现代伺服驱动控制技术对位移的控制达到了很高的水平，比如高精度数控机床、三坐标测量机等装备，达到这个精度，尤其是达到这个分辨率是不存在技术问题的。当然，在可能的情况下，根据式（3.8），应当尽量增大 S，减小铰支的刚度，以降低对位移控制的精度要求。

2）弹性铰支的定心问题

前述计算都自动假设受载状态下应力中心与几何中心重合。但实际上，应力分布不会绝对一致，图 3.11 中的弹性铰支的计算模型中，铰支 A 的断面为矩形，弹性铰支断面应力分布 $\sigma = \sigma(b,h)$，如图 3.12 所示。由于机器结构对称，沿 h 方向的应力可以认为是均匀分布的，因此有 $\sigma = \sigma(b)$。

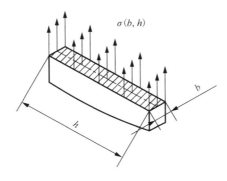

图 3.12　弹性铰支断面应力分布

根据数学的微分原理，总有下式成立：

$$\sigma(b)_{\max} - \sigma(b)_{\min}\Big|_{\frac{1}{b}\to\infty} = 0$$

或者

$$\frac{\sigma(b)_{\max} + \sigma(b)_{\min}}{2}\Big|_{\frac{1}{b}\to\infty} = \sigma(b)_{\text{are}} = \sigma$$

即当 b 足够小时，$b \times h$ 面内的应力大小和方向的分布趋于均匀，与中性面上的应力相等。根据如图 3.5 和图 3.10 所示的杠杆式力标准机的工作原理，在保证铰支点处于同一水平面上、铰支点距离不变的条件下，不会产生力值误差。这要求弹性铰支的回转中心不因负载而改变。图 3.13 为铰支中心受负载影响的变化，在当 b 足够小时，满足了铰支转动中心线位于中性面上，在当中性面处于铅直面平行状态时，可不考虑实际的回转中心，仍能实现无误差的要求，因为力值大小与回转中心线的位置无关。

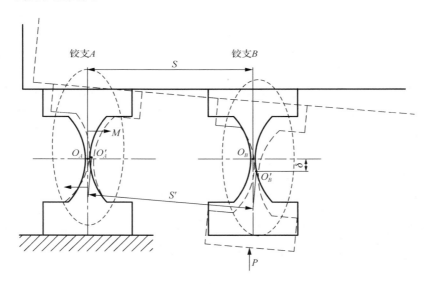

图 3.13　铰支中心受负载影响的变化

但是无论怎样，弹性铰支受弯曲载荷状态下绕理想中心线转动也是一个必须考虑的工作条件。在图 3.13 中，承受载荷 P 位置处受结构刚性影响会产生变形，导致距离尺寸 S 变化为 S'，两个铰支 A、B 的回转中心位置也随之改变。假如最终已知位移变化量为 δ，并将其完全补偿，则当恢复到实线所示的初始状态时，力值误差消除。位置回复的程度取决于相对位移 δ 的执行和检测能够控制实现的位移精度，它就是式（3.8）中的 W_B。很显然，过理论回转中心线的断面尺寸越小，中心线的变化就越小。

计算图 3.13 中的 S' 需要准确的几何尺寸和材料参数。对于复杂的形状，采用一般的集中参数模型就显得困难太大了，采用有限元模型是最佳的选择。

3）弹性铰支的结构实现

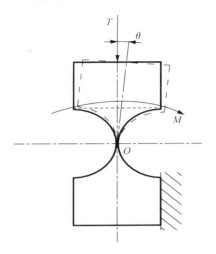

图 3.14　弹性铰支受力状态

弹性铰支受力状态如图 3.14 所示。弹性元件转动中心部位设计为薄板形状，使其绕 y 轴的转动刚度尽可能低。转动中心 O 处的厚度和宽度的选择是满足强度和弯矩 M 的要求，回转中心位于 O 处，受力状态下不产生屈曲等不稳定现象。图 3.14 为弹性铰支计算受力状态，弹性铰支的一端为固定约束，另一端自由，载荷为轴向压力 T 和弯矩 M，偏斜最大角度 $\theta_{max} \leqslant 0.05°$。

图 3.15 为针对承受 500kN 拉压双向载荷的弹性铰支的有限元力学性能计算结果，采用的计算软件是 ANSYS[11]，其中计算模型中的尺寸为 $R=16$mm，$h=3.2$mm，$b=D=160$mm，$H=30$mm（各参数的含义见图 3.12）。施加作用力 T，施加弯矩 19N·m，相当于偏转角度 $\theta_{max}=0.05°$。如图 3.15 所示的计算结果中，屈曲临界应力约为 750kN，最大工作应力为 977MPa。若选用材料弹簧钢（60Si2CrVA），其 $\sigma_s=1665$MPa[12]。计算结果表明，若取安全系数为 1.5，则额定压向作用力值 500kN 和工作应力 977MPa 均满足要求。即弹性铰支在很小的转角范围内所产生的阻力弯矩可以与刀口支承相媲美。

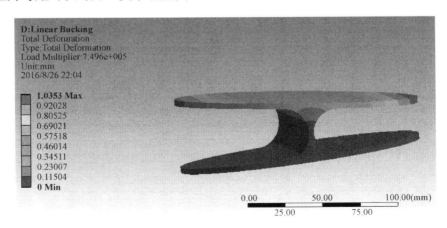

图 3.15　有限元力学性能计算结果

4）弹性铰支的应变测量

为了保证载荷状态下弹性铰支工作的正确性，也即消除弯矩造成的误差，在上述内容"1）弹性铰支阻力矩"中指出，可以通过平衡调整达到消除附加弯矩 M 的目的，这可能是更简单的方法。当然，这是建立在弹性铰支自身的性能可靠、几何形状稳定的前提下。为了确保弹性铰支的稳定性，可以采取应变监测的办法。

运用电阻应变检测技术对弹性铰支的应变进行检测，在弹性铰支上粘贴应变片位置与布局如图 3.16 所示（惠斯通电桥）。铰支的两个侧面，沿轴线方向，以在最小厚度 h 为中心粘贴应变片各两个，分别为 R_1、R_3 和 R_2、R_4，他们的性能参数一致。按惠斯通电桥检测原理构成如图 3.16 所示的桥式电路。

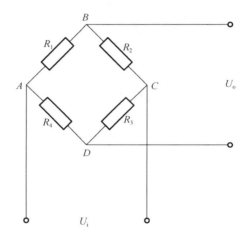

图 3.16　粘贴应变片位置与布局

根据电路原理，设输入桥压 U_i，输出信号 U_o，有下式成立[13]：

$$U_o = \frac{R_1 \cdot R_3 - R_2 \cdot R_4}{(R_1 + R_2)(R_3 + R_4)} U_i \tag{3.9}$$

若 $R_1 \cdot R_3 = R_2 \cdot R_4$，则 $U_o = 0$，设 $R_1 = R_2 = R_3 = R_4 = R$，四个电阻的变化量分别为 ΔR_1、ΔR_2、ΔR_3、ΔR_4，且 $\Delta R \ll R$，则

$$U_o = \frac{1}{4}\left(\frac{\Delta R_1}{R} - \frac{\Delta R_2}{R} + \frac{\Delta R_3}{R} - \frac{\Delta R_4}{R}\right)U_i \tag{3.10}$$

由式（3.10），当弹性铰支承受拉向作用或者压向作用力时，四个电阻应变片的电阻变化相同，因而对输出不产生影响。

设 $\frac{\Delta R}{R} = K\varepsilon$ ， ε 为电桥总应变，则

$$U_\text{o} = \frac{K}{4}(\varepsilon_1 - \varepsilon_2 + \varepsilon_3 - \varepsilon_4)U_\text{i} \tag{3.11}$$

式中， ε_1 、 ε_2 、 ε_3 、 ε_4 分别为 R_1 、 R_2 、 R_3 、 R_4 上的应变。

若左右弯曲最大角度 θ ，响应的应变变化一致，有

$$U_\text{o} = \pm\frac{K}{4}(4\varepsilon)U_\text{i} = \pm K \cdot \varepsilon \cdot U_\text{i}$$

于是，根据输出信号通过调整位移，使得弯曲转角减小，直至 U_o=0，电桥恢复平衡，也即杠杆处于平衡状态，则施加的作用力就是准确的。应变检测可以作为杠杆平衡的信号反馈。

3.1.4 定比杠杆式力标准机的杠杆平衡

杠杆式力标准机的平衡，即满足杠杆原理的基本条件，是机器正常工作的必要步骤。平衡包括初始位置（零点）平衡和工作平衡。零点平衡保证了施加力零点，工作平衡保证符合杠杆原理的条件。

1. 零点平衡

零点平衡通常是杠杆式力标准机工作工程中的一个必要步骤。传统上一般都采用人工配平方法，但是自动配平也是能做到的。

1）人工配平

如图 3.4 所示的杠杆系统，在当点 A、B 均不施加作用力，杠杆体以点 C 为中心处于水平状态，即为零点平衡。它一般是由机器自身的结构决定的，通常通过在点 A 或者点 B 施加配重砝码实现。有与测力仪具有自身质量，所以任何测力仪的安放都会通过点 B 引起系统的零点不平衡，不得不在点 A 处增加配重砝码 Δm，$\Delta m = m_1 / i$，其中，m_1 是测力仪的质量，i 是放大比。由于测力仪的质量随测力仪规格而变化，所以配重砝码也是千变万化的，以致人工配平成为非常烦琐的事情。

2）自动配平

当然配平可以通过自动方式完成。图 3.17 为一种杠杆式力标准机零点平衡装置结构组成与传动原理图[14]。电动机 1 经联轴器 2 与丝杠 4 连接，在电动机的驱动下，丝杠 4 带动配重块 5 沿导向杆 6 做直线运动，配重块与螺母固连。配重块的位置和移动距离 S' 由位移传感器 7 测量。导向杆 6 和两端的横梁构成框架，并通过螺钉固定在构件上。在配置块处于初始零位置时，装置的质心过 O 线，且 O 线与丝杠 4 的轴线垂直。两个螺母通过相对旋合的方式消除丝杠 4 与螺母的间隙。

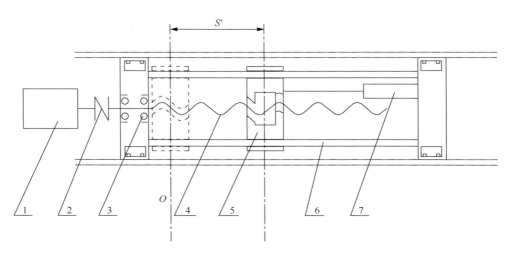

图 3.17　杠杆式力标准机零点平衡装置结构组成与传动原理图

1-电动机；2-联轴器；3-轴承；4-丝杆；5-配重块；6-导向杆；7-位移传感器

设配重块的质量为 m_3，它对 O 线的力矩为

$$M_1 = m_3 \cdot g \cdot S' \tag{3.12}$$

假设作用于 O 线左侧有一与 M_1 反向的已知力矩 M_2，则通过改变 S' 的大小可以使 $M_2=M_1$，即力矩平衡的目的。

上述左侧力矩 M_2 通常是由被检传感器（或其他测力仪）的重力产生。设已知被检传感器（或其他测力仪）的质量为 m_2，则

$$M_2 = m_2 \cdot g \cdot L \tag{3.13}$$

式中，L 为机器短臂长度，是个定值；质量 m_2 可以用普通商用电子秤称量获得。根据 $M_2=M_1$，可得

$$m_3 \cdot g \cdot S' = m_2 \cdot g \cdot L$$

即

$$S' = \frac{L}{m_3} m_2 \tag{3.14}$$

可见，只要精确控制配重块的移动距离 S'，即可以平衡被检传感器的质量 m_2。机器工作时，不需要像传统方法那样依靠人工加载多块小配重砝码完成配平过程。操作者仅需在试验开始输入参数时，输入被检传感器的质量即可。

　　这种装置可以用于新机器设计，也可以用于旧机器改造，其质心也可以不过支点，只不过此时的平衡所需的位移 S' 不同罢了。

　　图 3.18 为杠杆式力标准机零点平衡工作原理图，在如图 3.4 所示的杠杆式力标准机上设置零点自然平衡装置，它依附于杠杆横梁上，由一个可以沿着横梁移动的配重块（重力 W_P）和一台电动机组成。

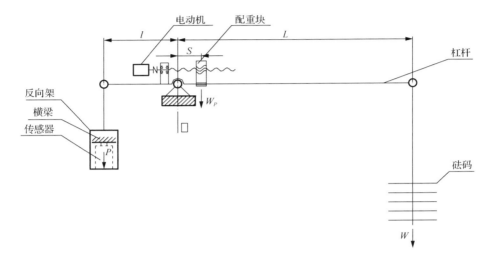

图 3.18　杠杆式力标准机零点平衡工作原理图

根据杠杆平衡原理，有下式成立：

$$P = \frac{L}{l} \cdot W + (W_P \cdot S - W_L \cdot l)/l \tag{3.15}$$

零点平衡条件：

$$W_P \cdot S - W_L \cdot l = 0$$

$$S = \frac{W_L \cdot l}{W_P} = k \cdot W_L \tag{3.16}$$

式中，S 为平衡配重块与支点 O 的距离。若已知试件重力为 W_L，则可以计算出需要的位移 S。如果将该位移值在读取试件测量数据前的任何时刻自动施加到位，则杠杆式力标准机即可实现零点自然平衡。

　　假设试件质量称量相对误差设为 δ_L，机器最小有效力值与满量程力值的比值为 Δ_L，则由此引起的力值相对误差为

$$\delta = \frac{m_L \cdot g}{P \cdot \Delta_L} \cdot \delta_L = \frac{W_L}{P \cdot \Delta_L} \cdot \delta_L \tag{3.17}$$

式中，m_L 为试件称量质量；g 为重力加速度。

2. 工作平衡

在杠杆式力标准机施加重力砝码将作用力放大传递到被检测力仪上时，由于测力仪和机器的结构会产生变形，所以杠杆系统必然会失去初始平衡状态，必须使它恢复平衡才可以进行力值的计量。恢复平衡的方法是唯一的，那就是改变被检测力仪的位置，通常是利用机械位移方法改变安放测力仪的承载装置的位置。在图 3.18 中即是通过改变动横梁的垂向位置，使得杠杆体恢复到与初始状态相同的水平状态。这个过程要求位移控制和位移调节灵敏度尽量高，以实现杠杆水平的高水准。

3. 杠杆式力标准机的砝码及其加卸方法

杠杆式力标准机的重力部分是由重力砝码组成的，它相当于一台静重式力标准机，因此也存在砝码加卸和稳定性等问题。不过一个优点是吊挂将由杠杆系统自身平衡掉。

砝码及其相关问题的解决措施与上述静重式力标准机是类似的。

3.1.5　定比杠杆式力标准机设计应用实例

应用上述技术原理和方法，针对定比杠杆式力标准机所做的两个应用实例介绍如下，一个是新设计的装置，另一个是传统机器的技术改造。

1. 500kN 全自动杠杆式力标准机

1）基本状况

应用于中国飞机强度研究所，2016 年服役。规格 500kN，准确度等级 0.01，加载时间 30s/级，力值范围 5～500kN。图 3.19 为 500kN 杠杆式力标准机的实物照片。图 3.20 为外廓尺寸与轴测图。

图 3.19　500kN 杠杆式力标准机的实物照片

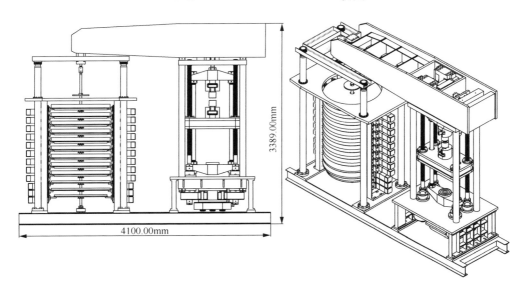

图 3.20　外廓尺寸与轴测图

　　500kN 杠杆式力标准机的砝码设置 18 块，可实现 50kN、100kN、200kN、300kN、500kN 等常用规格的传感器至少 6 点加载实验，也可以完成非常用规格传感器的等间隔或非等间隔的加载试验。砝码加卸采用电动独立加码方式，具有结构简单、工作可靠、效率高、力值范围大等优点。砝码组合及其对应的检测传感器见表 3.2。

表 3.2　500kN 杠杆式力标准机砝码组合及其对应的检测传感器列表

传感器规格/kN			砝码/kN																		
			杠杆自动平衡	1	1	1	1	1	2	2	2	2	2	2	4	4	5	5	5	5	5
常用规格	直荷	5	—	—	—	—	—	—	—	—	—	—	—	—	—	—	—	—	—	—	—
		10	—	—	—	—	—	—	①	②	③	④	⑤	—	—	—	—	—	—	—	—
		20	—	—	—	—	—	—	⑤	⑤	④	④	③	③	①	②	—	—	—	—	—
		50	—	①	①	①	①	①	②	②	②	②	②	③	③	③	①	④	④	⑤	⑤
	10倍放大	100	—	—	—	—	—	—	①	②	③	④	⑤	—	—	—	—	—	—	—	—
		200	—	—	—	—	—	—	⑤	⑤	④	④	③	③	①	②	—	—	—	—	—
		300	—	①	②	③	④	⑤	—	—	—	—	—	—	—	—	①	②	③	④	⑤
		500	—	①	①	①	①	①	②	②	②	②	②	③	③	③	①	④	④	⑤	⑤

续表

传感器规格/kN		砝码/kN																	
		杠杆自动平衡	1	1	1	1	1	2	2	2	2	2	2	4	4	5	5	5	5	5
非常用规格举例	150	—	①	②	③	④	⑤	①	②	③	④	⑤	—	—	—	—	—	—	—	—
	250	—	—	—	—	—	—	—	—	—	—	—	—	—	—	①	②	③	④	⑤
	400	—	①	②	③	④	⑤	—	⑤	④	③	②	①	—	—	⑤	④	③	②	①

注：表中每种传感器检 6 个点（0，20%，40%，60%，80%，100%），第一级载荷为"①"号项对应的砝码重力之和；第二级载荷为"②"号项对应的砝码重力之和；第三级载荷为"③"号项对应的砝码重力之和；第四级载荷为"④"号项对应的砝码重力之和；第五级载荷为"⑤"号项对应的砝码重力之和。

2）主要规格及技术参数

（1）最大检测力值：500kN。

（2）测力范围：5～500kN。

（3）杠杆比：1∶10。

（4）准确度等级：0.01。

（5）力值重复性：0.015%。

（6）力值误差：±0.03%。

（7）灵敏度：无负荷（≤0.3N），有负荷（≤0.003%）。

（8）砝码质量相对误差：不大于标称值的 0.005%。

（9）杠杆放大比误差：≤0.01%。

（10）标准机工作环境：在室温 20℃±5℃的范围内工作，相对湿度不大于 80%，周围无腐蚀性介质，周围无强电磁场干扰，安装在无振动、稳固的基础上，传感器拉向安装台面不高于地面 1.2m，提供传感器安装辅助工具，可实现"加紧"和"抬升"传感器的功能，传感器拉向检定为快速安装方式。

3）该机采用的技术手段与主要特点

（1）效率高。克服传统杠杆机加载速度慢、手工控制等缺点，采用伺服驱动控制、振荡抑制等一系列新技术[15]实现高效率运行的目标。

（2）无须零点平衡。采用杠杆零点自然平衡技术[14]，使在更换被检传感器时无须重新进行杠杆平衡，大大提高效率，减轻劳动强度，免去为零点配平不得不设置的配重砝码。

（3）砝码自动快速平稳加卸。采用电动独立加码技术[16]，每一个滑块可单独驱动，使砝码加卸平稳，工作效率极大提高；设备结构大大简化；砝码任意组合，拓展加载自由度，操作使用更加灵活。

（4）自动化工作，形象化监控。利用微机控制技术和自动检测技术解决大质量稳定运动控制、杠杆稳定平衡问题，实现力标准机的精确自动加载控制，使设备工作过程可实现自动化工作，工作过程形象化自动监控。并依照国际标准、国家标准及其他特殊需要进行数据处理和管理。

自动控制设计基本取消人工对工作过程的干预，操作者也无须专业培训，只需要按照提示操作鼠标或者按键即可，极大简化操作者的工作，通常只需要装卸工件和打印输出数据处理结果表单，具备"傻瓜式"操作特征。

（5）模块化设计，运行可靠。成熟组件模块化构造设计与精益制造有机结合，完善的软件和监控功能有效配合，使设备可靠运行并基本免予维护。为了保证免维护，采取的措施是，所有相对运动件均采用自润滑的滚动摩擦形式，回转运动的传动采用同步带形式。

2. 60kN 杠杆式力标准机技术改造

依据定比杠杆式力标准机的技术原理和方法，对如图 3.21 所示的一台 60kN 杠杆式力标准机实施了技术更新改造。

图 3.21　待改造的 60kN 杠杆机

1）设备改造的技术内容

（1）运用伺服电机驱动砝码组一的小砝码升降并记忆砝码正确位置，取消原传动系统和开关检测装置。

（2）设置零点自然配平装置，只要在输入试验参数的同时，向计算机输入被测试件的质量，在实验开始以后加载荷的同时即可实现零点自然配平。

（3）安装非接触精密位移传感器，监测杠杆横梁的水平状态。

（4）运用伺服电机驱动砝码组二的大砝码升降并记忆砝码正确位置，取消原传动系统和开关检测装置。

（5）触摸屏微机实现机器工作形象化自动控制。

（6）利用伺服电机驱动动横梁运动，以非接触位移传感器为反馈信号，精确控制横梁位置，达到自动控制调节杠杆平衡的目的。

图 3.22 为杠杆机改造部位示意图。

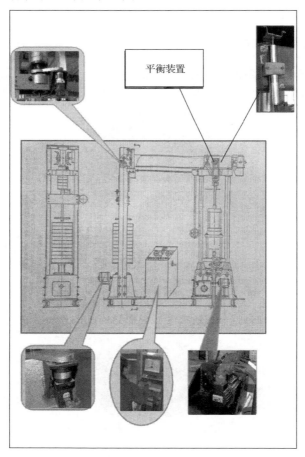

平衡装置

图 3.22　杠杆机改造部位示意图

2）砝码部分的改造思路

砝码加卸采用了伺服电机驱动与控制、顺序加卸的方法。杠杆式力标准机施加重力砝码的过程与方法直接决定机器的工作性能和工作效率。图 3.23 为顺序加卸串联安装的重力砝码结构示意图。电动机 2 经传动机构 1 带动砝码托板 4 做上下移动，每移动一个距离 h 将有一块砝码落在吊挂杆 6 的托盘上。砝码的重力经力反向架作用到试件承力点 7 上。若有 n 块砝码，则需要移动距离为 nh。由于通常 h 是固定的，所以除传统上用开关确定砝码位置以外，还可以通过计量托板 4 的移动距离，实现砝码的位置测量，从而达到加卸砝码的目的。对于定比传动系统以回转原动机的角位移为测量量值，将具有更简洁的结构，更高的位移控制精度，也更易于控制。

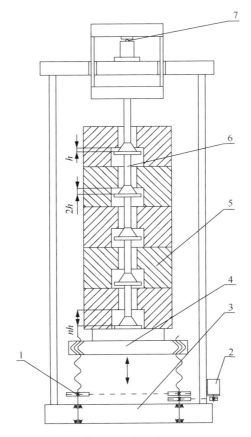

图 3.23 顺序加载串联安装的重力砝码结构示意图

1-传动机构；2-电动机；3-底座；4-托板；5-砝码；6-吊挂杆；7-承力点

3）改造后的效果

（1）准确度等级：由 0.03 升级为 0.02。

（2）工作效率：加载 30s，可进行蠕变试验。

（3）工作可靠无须维护。

（4）触摸屏微机控制全自动工作，形象化监控。

（5）加载荷前杠杆零点自然平衡，砝码加卸和恢复杠杆零点平衡。

4）设备改造后的技术特点

（1）提出的杠杆式力标准机零点自然配平的原理和方法，简单实用，可以应用于 60kN/300kN /1MN 杠杆式力标准机的改造，取代操作烦琐的人工配平过程，并提高加载效率。

（2）该杠杆式力标准机应用的砝码加卸方法，结构简单，控制容易，工作可靠。

（3）设备应用实例表明，实施杠杆式力标准机的技术升级改造，效果显著，具备了先进适用的特点。

小结：定比杠杆式力标准机除传统认知以外，它可以采用弹性铰支实现支承，达到高精度且永无磨损的目的；它还可以实现零点自然平衡和工作自动平衡，颠覆传统上必须采用人工配平的办法；砝码加卸可以充分运用前述静重式力标准机的砝码加卸技术方法，实现高效率、高精度的目标；杠杆平衡、砝码加卸等先进技术措施可以应用于对传统机器的技术升级改造，效果显著；以可靠、简单为目标的工作免维护、"傻瓜式"操作的理念贯穿于杠杆式力标准机设计中。

3.2　变比杠杆式力标准机

如果使杠杆式力标准机在使用单块固定质量砝码的情况下，通过改变砝码在杠杆上的位置（使砝码沿杠杆臂长方向移动），也即通过改变杠杆比的方式，同样可以实现对施力对象施加所需要的载荷级数和大小。这相当于图 3.4 系统中的长度 L_{AC} 是可以变化的，因而杠杆比 i 是变化的，依据式（3.1），作用力 F 同样可以变化。这种改变杠杆比的杠杆式力标准机把对力值的准确控制转化为对固定质量砝码在杠杆臂长上的位置精确控制，可省去传统的、昂贵的砝码及其加卸装置，从而实现简化结构、缩小体积、降低成本的目标。它与传统的杠杆式力标准机没有本质上的区别，具备传统杠杆式标准力源装置的诸多优点，且结构简单，全部采用成熟、通用技术和装置，因此精度高、效率高、可靠性高、成本低。事实上，古老的杆秤曾经是最常见的衡器，沿用了数千年，至今仍有应用。它就是典型的"变比称重器具"，简单、可靠和实用的高精度造就与彰显了它的伟大作用。鉴于此，研制变比杠杆式力标准机不是新发明，而是古为今用，用的是可靠、简单、实用，但有必要采用当今先进技术方法，使其具备更高的精度和效率。

3.2.1　变比单杠杆式力标准机结构组成与工作原理

变比杠杆式力标准机，可以是单杠杆，也可以是双杠杆形式的。图 3.24 为变比单杠杆式力标准机结构示意图[17]。它可分为四大部分，即主机部分 1、杠杆系统 14、电控系统 17、防摆阻尼机构 18。主机部分 1 主要包括顶横梁 19、立柱 2、机架 25、动横梁 5、滚珠丝杆（带动动横梁）4、传动装置 26、伺服电机（驱动动横梁）27；杠杆系统 14 主要包括杠杆体 7、滚珠丝杆 12、游动砝码（简称游码）13、伺服电机（驱动游码）16、支点刀口支承 11、力点刀口支承 10、球铰 8、拉杆 20、反向架上横梁 21、吊挂杆 22、反向架下横梁 3；电控系统 17 主要包括计算机、游码位移伺服驱动控制系统、平衡检测传感器 6，以及被检传感器和指示仪表等；阻尼防摆机构 18 是一个以阻尼器 15 为主的装置，用以减小杠杆振动，加快平衡稳定速度。

由图 3.24 可见，这种变比单杠杆式力标准机在系统结构组成上，省去重力砝码的加卸系统，代之以单块恒定质量的砝码；省去一套刀口支承装置（即采用双刀支承），因为杠杆臂长是可变量，因而无须对刀口支承的位置有极为准确的要求。

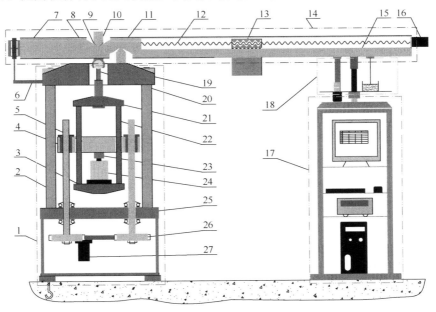

图 3.24　变比单杠杆式力标准机结构示意图

1-主机部分；2-立柱；3-反向架下横梁；4-滚珠丝杆（带动动横梁）；5-动横梁；6-平衡检测传感器；7-杠杆体；8-球铰；9-力点拉杆；10-力点刀口支承；11-支点刀口支承；12-滚珠丝杆（带动游码）；13-游码；14-杠杆系统；15-阻尼器；16-伺服电机（驱动游码）；17-电控系统；18-防摆阻尼机构；19-顶横梁；20-拉杆；21-反向架上横梁；22-吊挂杆；23-压头；24-被检传感器；25-机架；26-传动装置；27-伺服电机（驱动动横梁）

图 3.25 为变比单杠杆式力标准机工作原理简图。假设初始杠杆是平衡的（即处于水平位置），且游码的重力为 F_1。设游码沿杠杆移动后距支点的距离 L_1，如果杠杆仍然保持平衡，则根据杠杆原理，在力点产生的力为

$$F_2 = F_1 \cdot L_1 / L_2 \qquad (3.18)$$

F_2 作用于被检测的传感器上。由于传感器以及其他构件都有弹性，因此在游码沿杠杆移动过程中杠杆将偏离平衡位置，此时可以通过动横梁的上下移动使其恢复平衡状态。

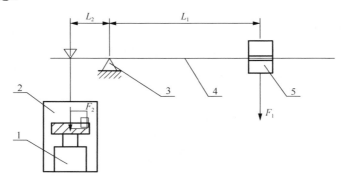

图 3.25　变比单杠杆式力标准机工作原理简图

1-被检传感器；2-吊挂；3-支点刀口支承；4-杠杆；5-游码

任何级载荷加卸完毕后都需要使杠杆恢复平衡。杠杆的平衡是由主机部分的动横梁上下移动使杠杆上下摆动实现，并通过位移传感器检测。游码安装在滚珠丝杠上由伺服电机驱动，沿杠杆臂长方向运动，游码停止则一级载荷加载完毕。

由于杠杆工作系统是一弹性系统，游码位置变化会引起杠杆体的振动，为了减小振幅，使振动尽快衰减，机器上安装阻尼器。

变比单杠杆式力标准机具有以下优点：

（1）在不更换砝码的情况下，通过改变砝码在杠杆上的位置，实现对施力对象施加所需要的载荷级数和大小，作用力大小与游码移动距离成正比。这种标准力源装置与传统的杠杆式力标准机没有本质上的区别，因此，它具备传统杠杆式标准力源装置的优点。由于省去传统的、昂贵的砝码及其加卸装置，因此简化结构、缩小体积可以大大降低成本。

（2）施加载荷时间取决于游码的移动速度，只要快速移动游码即可能实现很高的工作效率。

（3）由于结构简化，全部采用成熟、通用技术和装置，因此游码式力标准机除高精度、高效率、低成本以外，还具有高可靠性的特点。

（4）力值准确度、可信度、稳定性与静重式力标准机相似，省去叠加式力标准机的标准传感器和标准仪表。

如果说还存在缺点的话，变比单杠杆式力标准机存在着与其他定比杠杆式力标准机相同的操作不方便的问题，因为被检传感器参与了杠杆系统的平衡，所以必须实施配平。尽管在这里可以自动配平，但是它必须精确测知被检传感器的质量大小，还是增加了一些不便之处。另外，反向架处于自由悬摆状态也增加了装卸试件的不方便。

3.2.2 变比双杠杆式力标准机

借助于变比单杠杆式力标准机的思路，配置辅助杠杆系统形成新的加载原理，进而构成性能更优的新型双杠杆式力标准机。它在保持杠杆式力标准机的所有优点前提下，避免了传统杠杆机的缺点，使得杠杆式力标准机的操作极其简单，使用十分方便，效率更高，并可以实现双向连续加载。

1. 变比双杠杆加载原理

图 3.26 为变比双杠杆加载原理图，它与图 3.24 的区别是杠杆数量不同，本机是由两套杠杆系统组合而成。杠杆 1 基于第三杠杆原理工作，支点 A，力点 B，施力点是移动砝码重力线与杠杆中心线的交点，位置可变；杠杆 2 基于第一杠杆原理工作，支点 D，力点 C，施力点是配重砝码 W_3 的重力线与杠杆中心线的交点。重力砝码 W 距离力作用点 B 的距离 L 是可以变化的，改变 L 的方法、过程和效果同上述变比单杠杆式力标准机相似。

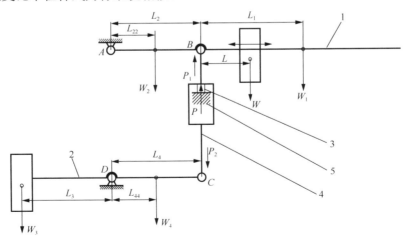

图 3.26 变比双杠杆加载原理图

1-杠杆 1；2-杠杆 2；3-试件；4-导杆；5-动横梁

杠杆 1、2 通过导杆 4 连接在一起，两套杠杆系统的支点 A、D 和力点 B、C 构成平行四边形的顶点。导杆 4 的中部设计成矩形框架式结构（力反向架），中间用以放置被施加作用力的试件 3，试件放置在动横梁 5 上。

根据静力平衡原理，可得初始平衡条件。设 L_0 是重力砝码 W 在初始平衡时距离点 B 的距离，则

$$P\big|_{L=L_0}=0$$
$$L_0=\frac{W_3\cdot L_3-W_4\cdot L_{44}}{W\cdot L_4}L_2-L_2-\frac{W_1\cdot(L_1+L_2)+W_2\cdot L_{22}}{W} \tag{3.19}$$

$$P=\frac{W}{L_2}\cdot L \tag{3.20}$$

式中，W 为可移动砝码的重力；W_1 为杠杆 1 铰支点 B 右侧的等效质量产生的重力；W_2 为杠杆 1 铰支点 B 左侧的等效质量产生的重力；W_3 为杠杆 2 铰支点 D 左侧的等效质量产生的重力；W_4 为杠杆 2 铰支点 D 右侧的等效质量（包含导杆质量）产生的重力；L_3 为杠杆 2 中 W_3 位置与支点 D 的距离；L_4 为杠杆 2 中支点 D 与支点 C 的距离；L_{22} 为杠杆 1 中 W_2 位置与支点 A 的距离；L_{44} 为杠杆 2 中 W_4 位置与支点 D 的距离。式（3.19）、式（3.20）即为杠杆初始平衡条件和杠杆施加的作用力 P 与力臂 L 的关系。

可见当杠杆质量和杠杆支点的长度 L_2 确定后，对试件施加的作用力 P 与力臂 L，即与移动砝码在横梁上的位置成正比，且可以连续无级施加力值。通过改变式（3.19）中的参数和调节重力砝码 W 的位置就可以确定杠杆的初始平衡，且平衡与被加载试件的重力无关，它属于自然平衡。

自然平衡，即杠杆系统无须采取任何调整措施，它本身是天然平衡的，如此可以节省杠杆平衡所需要的烦琐工作。把图 3.4 的传统杠杆机的基本形式进行改进，考虑如图 3.26 所示的双杠杆加载系统的工作原理，它由分别按照第二类和第一类杠杆原理工作的 1、2 两套杠杆系统组成。其中杠杆 1 是一套变比杠杆系统，重力砝码 W，重心距力点 B 的距离 L；杠杆 2 是定比杠杆系统，其左端是一固定质量的重力砝码 W_3。

根据静力平衡原理，可得杠杆 1 的平衡方程式：
$$W\cdot(L+L_2)+W_1\cdot(L_1+L_2)+W_2\cdot L_{22}=P_1\cdot L_2 \tag{3.21}$$

另又可得杠杆 2 的平衡方程式：
$$W_3\cdot L_3-W_4\cdot L_{44}=P_2\cdot L_4 \tag{3.22}$$

还可得导杆的受力平衡方程式：

$$P = P_1 - P_2 \tag{3.23}$$

式中，力反向架两端导杆分别对杠杆 1 和杠杆 2 施加作用力 P_1 和 P_2，被施加作用力的试件对导杆的反作用力 P（也即杠杆系统施加的作用力）。

联立式（3.21）～式（3.23），并设初始平衡时 $P=0$，则

$$\frac{W_3 \cdot L_3 - W_4 \cdot L_{44}}{L_4} L_2 = W_1 \cdot (L_1 + L_2) + W_2 \cdot L_{22} \tag{3.24}$$

式（3.24）即为杠杆初始平衡条件。通过改变式（3.24）中的参数就可以确定杠杆的初始平衡，且平衡与被加载试件 3 的重力无关，从而实现杠杆系统的自然平衡。

2. 误差分析

根据式（3.19）、式（3.24），决定变比双杠杆式加载装置输出力值大小的基本因素包括重力和几何尺寸两个方面。

1）几何误差分析

为使试件受力后上下底面平行，导杆应当在任何情况下始终处于铅垂状态，同时受力中心线应与试件中心线一致。

（1）杠杆偏转引起的误差。

设各杆均为刚体，由于受力改变使杠杆偏离平衡位置一角度 θ，受力后杠杆状态如图 3.27 所示。如果使 $L_2=L_4$，则因为杠杆 1、2 的横梁平行，导杆将保持铅垂状态，试件两个平面平行，没有理论误差。但是导杆会平移，导杆的两个铰支会上下移动。设杠杆转动 θ 角，上、下位移检测值为

$$h = L_5 \sin\theta \tag{3.25}$$

若设检测最大误差 $\Delta h_{\max}$，则最大转角 $\theta_{\max}$：

$$\theta_{\max} = \sin^{-1}\frac{\Delta h_{\max}}{L_5} \tag{3.26}$$

设上下承力点平移 δ，根据几何关系得

$$\delta = L_2(1 - \cos\theta) \tag{3.27}$$

可见，检测并控制使 $\Delta h_{\max}$ 足够小，则可以忽略上下承力点平移值。

综上，这种加载方法在当满足条件 $L_2=L_4$、L_5 较大、检测精度较高时，加载试验的几何误差可以忽略。

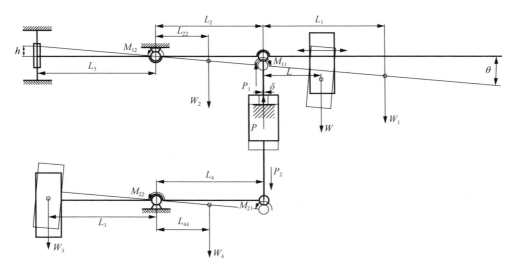

图 3.27　受力后杠杆状态

（2）试件放置偏离导杆中心线的影响。

加载试验时，试件放置可能偏离导杆中心线。

设试件沿杠杆长度方向偏离距离 Δ，刀口支承的侧向力如图 3.28 所示。

根据静力平衡原理可得

$$P = P_1 - P_2$$
$$P \cdot \Delta = T_2 \cdot h$$
$$T_1 = T_2 = \frac{P \cdot \Delta}{h} \tag{3.28}$$

式中，T_1、T_2 分别为两个铰支点处的侧向力；h 为两个铰支点之间的距离。可见，试件沿杠杆长度方向的安放位置不影响作用于试件上的力 P。但铰支点处会有侧向力，h 越大侧向力越小。如果铰支点为刀口支承，则因受侧向力作用，会增加刀口支承的磨损。

试件放置偏离导杆中心线还可能沿刀刃平行方向，设偏离距离 Δ_1，此时根据静力平衡原理作用于试件上的力 P 不受影响，但是刀口支承沿刀刃方向应力分布将会不均，如图 3.29 所示。显然 Δ_1 越大，应力分布梯度就越大，将会造成刀刃的一端应力较大，增加刀口支承的磨损。

（3）杠杆弹性变形、制造精度等引起的误差。

在进行力学分析的时候，常常假设各构件为刚体，但实际上这些构件并不是真正的刚体，因而会造成弹性变形，同时由于机械制造的原因也会使构件偏离正确的力线位置，由此必然会引起相应的几何误差，使试件上下着力面不平行。这些问题可通过增大构件刚度、提高机械制造和安装精度得到解决。

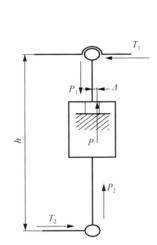
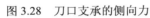

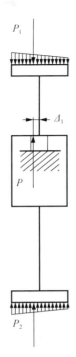

图 3.28　刀口支承的侧向力　　　　图 3.29　刀口支承应力分布

2）力值误差分析

（1）杠杆横梁偏离水平位置引起的误差。

略去摩擦力矩，设构件为刚体。由于杠杆横梁偏离水平位置，偏角 θ，如图 3.28 所示，此时作用力设为 P'，则根据静力平衡原理得

$$P' = P_1 - P_2 = \frac{W_1 \cdot (L_1 + L_2)\cos\theta + W_2 \cdot L_{22}\cos\theta}{L_2'\cos\theta} - \frac{W_3 \cdot L_3\cos\theta - W_4 \cdot L_{44}\cos\theta}{L_4'\cos\theta}$$

$$+ W + \frac{W}{L_2'\cos\theta} \cdot L\cos\theta = P_0 + \frac{W}{L_2} \cdot L$$

可见，回转角度不改变平衡条件，也不改变施力值大小。

（2）由于支承的摩擦力矩引起的误差。

设杠杆的支承点均为刀口支承，刀口会产生一定的摩擦力矩。由于刀口摩擦力矩会引起对试件施加的作用力 P 的误差。考虑摩擦力矩时的静力平衡如下。

杠杆 1 静力平衡方程式：

$$W \cdot (L + L_2) + W_1 \cdot (L_1 + L_2) + W_2 \cdot L_{22} + M_{12} - M_{11} = P_1 \cdot L_2 \qquad （3.29）$$

杠杆 2 静力平衡方程式：

$$W_3 \cdot L_3 - W_4 \cdot L_{44} - M_{21} - M_{22} = P_2 \cdot L_4 \qquad （3.30）$$

设对试件施加的作用力 P'，则导杆静力平衡方程式：

$$P' = P_1 - P_2 = P_0' + \frac{W}{L_2} \cdot L \tag{3.31}$$

于是力值误差：

$$\begin{aligned}
\delta P &= P - P' = P_0 - P_0' \\
&= \frac{M_{12} - M_{11}}{L_2} + \frac{M_{21} + M_{22}}{L_4} = \frac{M_{12} - M_{11} + M_{21} + M_{22}}{L_2}
\end{aligned} \tag{3.32}$$

当构件为刚体时，主要由刀口摩擦引起力值误差，增大 L_2 有利于减小误差。通常当 θ 角很小，刀刃半径很小时，摩擦力矩很小，一般可以忽略，因此由此造成的力值误差可以忽略。

（3）位移精度引起的误差。

根据式（3.31），作用于试件上的力正比于 L。对式（3.31）求导得

$$\frac{\mathrm{d}P}{\mathrm{d}L} = \frac{W}{L_2} \tag{3.33}$$

即单位位移变化引起的力值变化正比于移动砝码的质量，与 L_2 成反比。将上式写成微分形式有

$$\Delta P = \frac{W}{L_2} \Delta L \tag{3.34}$$

上式表示在当位移的误差为 ΔL 时产生的力值误差。可见，力值误差与位移误差成正比，与支点距离 L_2 成反比，还与砝码的重力成正比。

设施加的最小力值为

$$P_{\min} = 5W$$

则位移的误差为 ΔL 时产生的力值相对误差为

$$\delta' P = \frac{\Delta P}{P_{\min}} = \frac{1}{5L_2} \Delta L \tag{3.35}$$

若设

$$\delta' P = 0.005\%$$

则可得 $\dfrac{\Delta L}{L_2} \leqslant 0.025\%$。这里把位移的误差 ΔL 视为定位精度，根据目前的制造技术水平，其值设为 $10\mu m$，则可得支点距离的最小值 $L_2 \geqslant 40mm$。

（4）杠杆弹性变形引起的误差。

对于实际装置的构件，都是受力后会产生变形的弹性体。假设受力变形后引起图 3.27 中各部分力臂尺寸改变，于是合并式（3.23）、式（3.24），并作全微分可得

$$dP = \frac{\partial P}{\partial L}dL + \frac{\partial P}{\partial L_1}dL_1 + \frac{\partial P}{\partial L_2}dL_2 + \frac{\partial P}{\partial L_3}dL_3 + \frac{\partial P}{\partial L_{22}}dL_{22} + \frac{\partial P}{\partial L_{44}}dL_{44}$$

$$= \frac{W}{L_2}dL + \frac{W_1}{L_2}dL_1 + \frac{W_2}{L_2}dL_{22} + \frac{W_3}{L_2}dL_3 + \frac{W_4}{L_2}dL_{44}$$

$$- \frac{W_1 \cdot (L_1 + L_2) + W_2 \cdot L_{22} - W_3 \cdot L_3 + W_4 \cdot L_{44}}{L_2^2}dL_2 \qquad (3.36)$$

此项误差由于测量原因获得量值较为复杂。但从公式中可知，由于式中各项符号不同因而至少可以抵消一部分。如果再考虑到将刚度设计得较大，则该误差随着减小。

（5）其他物理因素引起的误差。

影响变比双杠杆式加载方法产生力值误差的因素还包括空气密度、砝码质量、重力加速度等物理因素。试验条件下温度对力值误差的影响可以忽略[6]。根据式（3.32）和式（3.36），砝码质量和重力加速度的计量误差必然会对力值误差产生影响，设由此造成的力值误差为ΔF，但是诸因素是有确定规律的是可控制的系统误差。

综合以上分析，系统引起的力值误差为

$$\sum = \delta P + \Delta P + dP + \Delta F \qquad (3.37)$$

3. 控制力值误差的方法

根据式（3.23）和上述几何误差分析结果，变比双杠杆式精密加载装置可以达到足够高的杠杆平衡水平度，以至于对力值精度的影响几乎可以忽略。

依据上述分析，采用优良性能的刀口支承，提高位移控制分辨率，增大杠杆构件刚度或减小其变形均可以减小力值误差。同时，根据式（3.34），如果由于安装等原因引起任何系统误差，可以通过改变L的大小予以补偿，进而提高其位置准确度。

在对杠杆初始位置进行精确平衡调试时，根据式（3.24），位移控制即是变比双杠杆式精密加载装置的主要影响因素。假设由于位移误差造成的力值误差占总误差的一半，对于从砝码重力最小值的五倍计算的情况［式（3.35）］，力值相对误差可以控制在±0.01%以内。

根据式（3.24），在精确测量砝码位移的前提下，力的绝对值大小和准确度即取决于砝码的重力W和距离L_2。然而，在当这两个参数实际中获得精确测量值尤其是L_2的测量较为困难时，可使用高准确度标准测力仪对其进行标定。即可以对每一个希望的测量位置（或者测量点）进行标定和比对，进而获得高的力值准确度。

4. 杠杆式力标准机振荡消除方法

杠杆式力标准机的振荡问题,在定比和变比杠杆式力标准机中都存在,而在变比杠杆式力标准机中,由于整个设备的重心位置与支点较近,故杠杆尾端振幅较大,所以消除振荡问题在变比杠杆式力标准机中尤为突出。

杠杆式力标准机的杠杆系统进入平衡状态的过程,实质上就是如图 3.30 所示的有阻尼单自由度振动的衰减振荡过程。由于对支承的无摩擦要求,再加上空气阻尼十分微小,所以不采取任何措施的杠杆平衡系统的平衡过程近乎一个无阻尼自由振荡过程。试验观察表明,达到力值计量要求的准确度,振动稳定的时间可长达数十分钟,尤其是零点平衡,时间最长。且力值计量准确度越高、杠杆铰支的性能越好,稳定时间就越长。对于力值计量而言,数据读取必须在杠杆平衡状态下进行,但是考虑到国家标准对测力仪的加载时间需求和实际的工作效率问题,又不能靠自然条件使杠杆平衡。因此杠杆式力标准机快速达到稳定平衡状态,可采用增加适当的阻尼的方法。

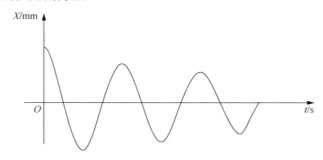

图 3.30　有阻尼单自由度振动的衰减振荡过程

1) 振动系统的阻尼

振动系统存在阻尼,会消耗能量,造成自由振动系统运动的衰减[18-19]。尽管不同阻尼种类衰减的规律是不一样的,比如黏性阻尼的振幅呈对数规律衰减,并影响振动频率;非黏性阻尼中的库仑摩擦阻尼造成振幅衰减,但不影响频率。事实上阻尼对于系统的影响是复杂的,具有正作用和副作用两个方面:正作用方面会起到减小和拟制振动的作用;副作用方面,一是阻尼消耗有用振动的能量,二是阻尼的规律非常复杂,以至于无法用准确的数学关系表示,造成振动分析十分困难。迄今大部分理论分析都把阻尼按照理想的黏性阻尼来处理,基本思路是将非黏性阻尼等效为黏性阻尼。等效的规则是一个振动周期消耗的能量相等。

假如非黏性阻尼消耗能量 W_e,黏性阻尼消耗的能量 W_r,应有 $W_e=W_r$。根据理论分析,黏性阻尼一个周期消耗的能量符合下述关系:

$$W_r = \pi C_e \cdot \omega \cdot B^2 \tag{3.38}$$

因此，

$$C_e = \frac{W_r}{\pi \cdot \omega \cdot B^2} \qquad (3.39)$$

式中，B 为振幅；C_e 为等效黏性阻尼；ω 为角频率。常见的线性阻尼包括慢速流体中运动物体的流体阻尼、电磁阻尼等。非黏性阻尼包括库仑摩擦阻尼、结构阻尼。

（1）库仑摩擦阻尼。

库仑摩擦阻尼是固体接触表面具有相对运动或者相对运动趋势时最常见的一种阻尼形式。它的等效黏性阻尼的表达式为

$$C_e = \frac{4F}{\pi \cdot \omega \cdot B} \qquad (3.40)$$

式中，F 为摩擦力。

（2）结构阻尼。

结构阻尼主要取决于系统的结构和材质。假如仅仅考虑材质的不同，有一些参考实验数据。比如一般碳钢的阻尼损耗因子 $\eta=0.0001 \sim 0.0006$，$\eta=2\xi$，ξ 为阻尼比。可见，如果不是专门考虑增大阻尼，一般结构钢的阻尼是很小的。结构阻尼是参与振动构件或者装置的构造材料本身的结构属性，它主要表征的是材料的内摩擦力。对于结构阻尼，等效黏性阻尼的表达式为

$$C_e = \frac{\beta k}{\omega} \qquad (3.41)$$

式中，β 为结构阻尼常数；k 为弹簧常数。

（3）流体阻尼。

流体中的高速运动，阻尼力与速度平方成正比，比例系数 c，等效黏性阻尼为

$$C_e = \frac{8c \cdot \omega \cdot B}{3\pi} \qquad (3.42)$$

（4）涡流阻尼。

涡流是一种常见电磁现象，涡流阻尼是借助于导体中因磁场变化而产生的感应电流，该电流阻碍导体的运动。根据电学原理，导体在磁场中做与磁场方向垂直的运动，速度 x'，则由此产生的阻尼力可以认为与速度成正比，理论阻尼系数可以表示为

$$C_e = \frac{VB_t^2}{2\rho}$$

式中，V 是导体的体积；ρ 是导体的电阻率；B_t 是磁感应强度。

2）消除杠杆式力标准机振荡的阻尼措施

杠杆式力标准机平衡过程的有阻尼自由振荡是一个弱阻尼系统。弱阻尼二阶系统的幅值衰减率[18]为

$$\eta = e - \xi\omega t \qquad (3.43)$$

可见，增大阻尼比可以有效进行幅值的衰减。

单从黏性阻尼角度考虑，达到较大的阻尼比性价比不高，考虑到实施的有效性，采用库仑摩擦阻尼减振和黏性阻尼双重措施。

（1）库仑摩擦阻尼减振。

库仑摩擦阻尼对振动的衰减过程如图 3.31 所示，一个周期内衰减的幅值为 $4F_f/k$[19]，其中，F_f 为摩擦力，k 为弹性系数。

根据式（3.43）和如图 3.31 所示的库仑摩擦阻尼对于振动的衰减过程，只要摩擦力足够大，振动会很快衰减，而施加摩擦力是相对容易的技术措施。当然，摩擦阻尼一方面在当恢复力 k_x 不足以克服摩擦力的时候振动会停止，另一方面这不是平衡位置，所以库仑摩擦阻尼不可以作为杠杆式力标准机杠杆减振的最终措施。

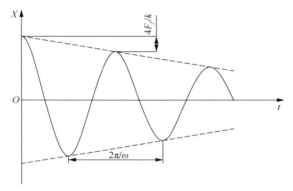

图 3.31　库仑摩擦阻尼对振动的衰减过程

按照式（3.43），若已知 η 和时间 t、周期 ω，需要的阻尼比 $\xi = -\ln\eta / (\omega t)$，因为 $2\xi = C_e / m$，所以 $C_e = 2\xi m$。将该式代入式（3.43）得摩擦力为

$$F = C_e\pi\omega B / 4 = \xi m\pi\omega B / 2 \tag{3.44}$$

又设摩擦系数为 μ，正压力为 N，根据库仑定律，得

$$N = F/\mu$$

由此可以计算出正压力 N 的大小。实际当中，频率、幅值最准确的获得办法是实测，而质量 m 是机器固有的。以一台 300kN 杠杆式力标准机为例，m=2000kg，B=5mm，ω=0.5Hz，若需要 2s 内将振幅衰减到初始值的 10%，则计算得阻尼比 ξ=0.366，等效阻尼系数 C_e=1465.9，摩擦力 F=18.1N。取摩擦系数 μ=0.2，则正压力 N=90.4N。

（2）黏性阻尼消振。

在库仑摩擦阻尼完成使命后，应将其实时撤出，随后由黏性阻尼消除余下的振动。黏性阻尼产生的阻力为

$$F_Z = cx'$$

该阻力与速度成正比，一旦速度消失，该力将自动取消，所以将它作为最终的消振阻尼。虽然理论上，完全消除振动的时间为无穷大，但是只要振动的幅值小于它所引起的力值允许误差就可以了。

假如振幅是当量力值的 1%，由库仑摩擦阻尼消掉振幅的 90%，再由黏性阻尼消掉余下振幅的 90%，则力值误差降到当量值的 0.01%。设允许时间 $t=10s$，据此，阻尼比 $\xi_1=0.0733$，计算得阻尼系数 $C_e=293.2$。

如此，可以在加载完毕的 12s 内达到稳定状态，假如加载时间为 8s 以内，则可以实现 20s 的加载与稳定时间，此后即可以读取数据了。

黏性阻尼在系统稳定后无须撤出，因为阻尼力不存在了。

3）阻尼装置的结构原理

（1）库仑摩擦阻尼的实现。

图 3.32 为库仑摩擦阻尼的工作原理，在产生上下振动（速度 x'）的杠杆体的侧面，与振动方向垂直的平面上施加摩擦力 F。一对转动方向相反、速度相同、初始位置相同的偏心轮，分别由两个电动机 M_1 和 M_2 驱动。在偏心轮由最低点到最高点的转动过程中，偏心轮的外表面逐渐与镶嵌在杠杆体上的摩擦材料接触，产

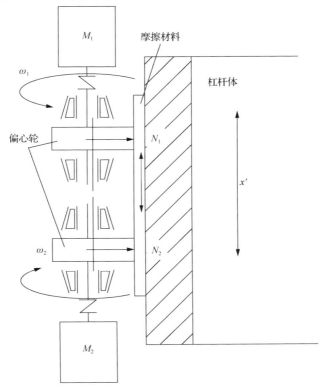

图 3.32　库仑摩擦阻尼的工作原理

生摩擦力。两个偏心轮的转向、转速和位置设置，旨在尽量减小对杠杆体施加的外部不平衡作用力。

摩擦力的大小与电动机的扭矩 M 符合关系：

$$F=M/R \tag{3.45}$$

式中，R 为偏心距。由此作用于杠杆体上的总摩擦力为 $2F$。当减振结束时，由电动机驱动使得偏心轮脱离与杠杆体的接触。

（2）黏性阻尼的实现。

根据牛顿液体黏度的定义，线性分布的两层液体之间的摩擦力可以表示为

$$F_f = \mu A \frac{x'}{h} \tag{3.46}$$

式中，A 为接触面积；h 为液体层厚度；μ 为液体的动力黏度；x' 为运动件速度。根据黏性阻尼的定义，可知

$$C = \frac{\mu A}{h} \tag{3.47}$$

设计一环形缝隙，由长度 l、直径 d 的细长杆和孔构成，则阻尼系数的表达式为

$$C = \frac{\mu \pi d^2 l}{4h} \tag{3.48}$$

细长杆阻尼器与振动杠杆体连接，起到消振作用，黏性阻尼器工作原理如图 3.33 所示。

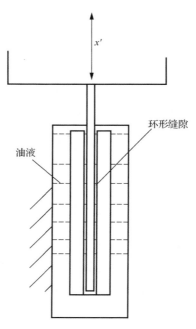

图 3.33　黏性阻尼器工作原理

3.2.3　变比杠杆式力标准机设计应用实例

基于本节阐述的变比杠杆式力标准机的原理和技术方法，设计了变比杠杆式力标准机产品，以下是两种设备的应用实例。

1. 变比单杠杆式力标准机

1）概况

变比单杠杆式力标准机应用于数家称重与测力传感器生产企业，图 3.34 为 300kN 和 60kN 两种规格变比杠杆式力标准机。它们采用刀口支承，力值范围比为 1∶100，杠杆比 1∶33。它们无须专门设备基础，工作时直接放置在平整的地基上，按照提示进行调平即可。

（a）300kN变比杠杆式力标准机　　　（b）60kN变比杠杆式力标准机

图 3.34　变比杠杆式力标准机

设备上采用 3.2.2 节的自动平衡调整技术、阻尼器、镀膜刀口支承以及其他控制技术措施，取得了良好的技术效果，达到了可信、可靠、高效、高精度的设计目标。

2）主要技术指标

（1）工作空间：符合用户工作需要。

（2）力值准确度等级：优于 0.02。

（3）力值施加和稳定时间：每级不大于 30s，蠕变试验加荷时间不大于 15s。

（4）具有自动、手动、半自动的工作方式。其中自动化工作包括自动施加载荷，自动控制和稳定值的大小，自动采集和处理数据，并打印输出。

（5）可以实现的检测项目：负荷传感器及其他测力仪的负荷特性、温度特性；满足用户对检测项目、数据处理方法等的特殊要求。

（6）所需的器件与技术按照先进、可靠、新颖、实用原则设计制造和选用，所设计及采用的控制系统按照模块化、接口标准化原则设计，便于设备维修保养，并为今后的技术更新留有余地。

（7）操作方式：在 Windows 系统下，采用人机对话方式，全部试验工作过程均在微机提示下完成，设备的工作状态用动画显示，实验数据、试验条件均实时显示，并可以网络传输数据。实验数据的处理格式按照 R60 建议的标准执行。

（8）设备运行状态实时监测，自动诊断故障。

（9）设备工作免维护。

3）实验数据

表 3.3 是以检验力标准机工作性能为目的的负荷传感器检定数据表，选一只重复性经过检验的传感器进行试验（传感器重复性优于万分之二）。由表可见，对同一只传感器，在不同时间内所做的试验，数据结果是一致的。经计算，该力标准机重复性为 0.005%，非线性-0.0293%，滞后 0.0037%。实验表明，非线性滞后、重复性等各项指标均达到了国家标准的要求。

表 3.3　负荷传感器检定数据表（检定力标准机）

过程	第一次 /(mV/V)	第二次 /(mV/V)	第三次 /(mV/V)	平均值 /(mV/V)	理论值 /(mV/V)
加载值为 0kg 时进程	0.8	0.2	0.2	0.3	-0.3333
加载值为 0kg 时回程	5.0	1.0	1.0	2.3	-0.3333
加载值为 1000kg 时进程	12440.4	12440.4	12439	12439.9	12445.7
加载值为 1000kg 时回程	12444.4	12442.4	12441.2	12442.7	12445.7
加载值为 2000kg 时进程	24873.8	24873.6	24874.8	24873.2	24891.1
加载值为 2000kg 时回程	24876.8	24875	24874.8	24875.5	24891.1
加载值为 3000kg 时进程	37314.4	37315	37314.4	37314.6	37336.5
加载值为 3000kg 时回程	37316.2	37315.4	37315	37315.5	37336.5
加载值为 4000kg 时进程	49763.6	49762.6	49764.4	49763.5	49781.9
加载值为 4000kg 时回程	49762.8	49762.6	49763.4	49762.9	49781.9
加载值为 5000kg 时进程	62215.2	62216.2	62216.8	62216.1	62227.3
加载值为 5000kg 时回程	62214.6	62213.8	62214.2	62214.2	62227.3
加载值为 6000kg 时进程	74673	74671.8	74673.2	74672.7	74672.7

2. 1MN 变比双杠杆式力标准机

1）简介

1MN 变比双杠杆式力标准机实物图片如图 3.35 所示，轴测图与结构示意图如图 3.36 所示。该机应用于重庆市质量检测研究院，于 2015 年服役。

图 3.35   1MN 变比双杠杆式力标准机实物图片

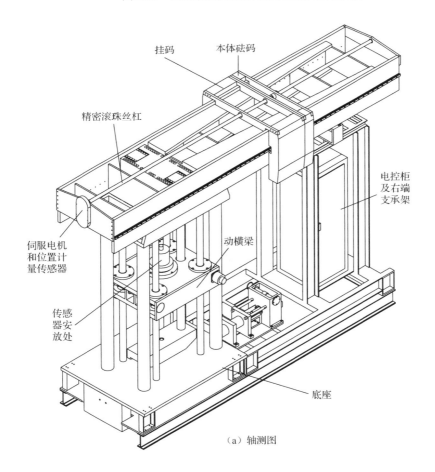

（a）轴测图

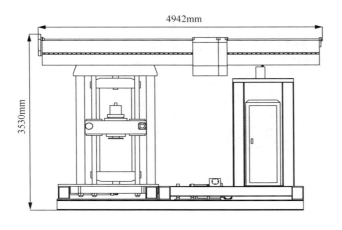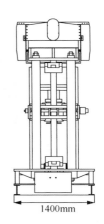

4942mm

3530mm

1400mm

（b）结构示意图

图 3.36　1MN 变比双杠杆式力标准机轴测图与结构示意图

该机采用刀口支承，基本参数为加载力值范围 10～1000kN，L_2=75mm，砝码总重力为 20kN，最大放大比为 50；砝码位移控制分辨率为 1.2μm，机器最大功率 7kW。为了确保力值范围内的准确度，砝码分为两种：本体砝码重力 5kN，可施加 10～250kN 的力值；挂码重力 15kN，一般不单独使用，本体砝码和挂码砝码结合在一起的总重力 20kN，可施加 250～1000kN 的力值。

对所制作的 1MN 变比双杠杆式力标准机进行了试验验证。力标准机加载试验采用自动控制方式。试验内容是检测 C 级称重传感器负荷特性和蠕变特性，是在未做任何位移控制补偿的情况下进行的。试验结果表明，加载性能可满足 R60 建议对传感器施加载荷的时间要求。设备操作简便，操作者仅需将被检传感器安放到试台中心位置连接仪表预热、在微机操作界面上输入工作参数并按下启动按钮即可完成一个或多个加载循环。无须进行烦琐的人工配平。

对该机的计量性能进行了检验。检验是利用经国家力基准机校准过的标准测力仪施加载荷的方式进行，将本机的测量数据与国家力基准机的校准数据进行比对。比对用的标准测力仪是 C3H3-1MN 力传感器和 DMP40 数字高精度测量仪，比对实验数据和结果如表 3.4 所示。

检验结果表明，100～1000kN 力值测量范围的力值重复性和力值相对误差均不大于±0.01%。

2）1MN 变比杠杆式力标准机的主要技术参数

（1）有效工作空间：宽 550mm。拉（压）向尺寸：1000mm。

（2）最大杠杆比 50。砝码重力：本体砝码 5kN，挂码 15kN。

表 3.4   比对实验数据和结果

负荷（压向）/kN	第一次 /(mV/V)	第二次 /(mV/V)	第三次 /(mV/V)	平均值1 /(mV/V)	重复性1	旋转90° /(mV/V)	旋转180° /(mV/V)	旋转270° /(mV/V)	平均值2 /(mV/V)	重复性2	理论值 /(mV/V)	误差
0	0.000000	0.000000	0.000000	0.000000	0.00×10^{-4}	0.000000	0.000000	0.000000	0.000000	0.00×10^{-4}	0.000000	0.00×10^{-4}
100	0.203538	0.203539	0.203537	0.203538	0.10×10^{-4}	0.203541	0.203551	0.203548	0.203545	0.64×10^{-4}	0.203539	-0.27×10^{-4}
200	0.407216	0.407218	0.407214	0.407216	0.10×10^{-4}	0.407214	0.407232	0.407224	0.407222	0.44×10^{-4}	0.407211	-0.26×10^{-4}
300	0.610894	0.610898	0.610892	0.641090	0.10×10^{-4}	0.610895	0.610919	0.610906	0.610904	0.41×10^{-4}	0.610893	0.17×10^{-4}
400	0.814598	0.814603	0.814595	0.814599	0.10×10^{-4}	0.814603	0.814631	0.814613	0.814611	0.41×10^{-4}	0.814599	0.15×10^{-4}
500	1.018321	1.018327	1.028318	1.018322	0.09×10^{-4}	1.018324	1.018348	1.018336	1.018332	0.27×10^{-4}	1.018319	-0.13×10^{-4}
600	1.222044	1.222051	1.222040	1.222045	0.09×10^{-4}	1.222045	1.222080	1.222060	1.222057	0.29×10^{-4}	1.222039	-0.15×10^{-4}
800	1.629398	1.629406	1.629393	1.629399	0.08×10^{-4}	1.629399	1.629438	1.629417	1.629413	0.25×10^{-4}	1.629393	0.12×10^{-4}
1000	2.036519	2.036528	2.036513	2.036520	0.07×10^{-4}	2.036526	2.036586	2.036541	2.036543	0.33×10^{-4}	2.036517	-0.13×10^{-4}

注：室温——开始18.2℃，结束18.7℃。机器温度——开始17.7℃，结束18.2℃。相对湿度——55%。大气压力——99kPa。

（3）额定加载力：1000kN。有效力值范围：10～1000kN。

（4）位移分辨率 1.2μm。最小力值分辨率：0.07N。

（5）砝码最大移动速度：3000mm/min。

（6）精度等级：0.03。

（7）总功率：7kW。

（8）净质量：约 13t。

3）工作条件

（1）设备非工作状态或长时间放置不用时，允许杠杆处于非水平状态，使杠杆体右端与电控系统顶部接触，偏离平衡位置不大于 2mm，保证杠杆稳定。

（2）设备工作时，砝码移动施加作用力，杠杆保持水平状态。水平状态的检测通过安装在杠杆左端部的差动变压器实现。水平状态的控制通过电动机控制动横梁的位置完成。注意：设备加载部分杠杆偏离水平状态任何情况下不得大于 0.5mm。

（3）设备工作以 200kN 加载能力分界，200kN 以下由本体砝码加载，200kN 以上需由本体砝码和挂码同时加载。挂码在不起作用时固定在杠杆横梁的左端，并用螺钉固定，作为杠杆体的一部分。使用挂码加载时需将它与设备上的游码本体连接并通过螺钉固定。

4）技术手段与主要特点

（1）经理论分析和试验表明，建立在杠杆原理基础上的变比双杠杆式力标准机精密加载方法正确、可行、有效。

（2）变比双杠杆式力标准机计量性能优越，具有结构简单、操作方便、力值范围宽且无级可调、力值准确度、工作效率和可靠性高的特点，加载前无须烦琐的初始位置配平，对被校准传感器安装要求不高。

（3）对变比双杠杆式力标准机进行力值误差分析，给出影响变比双杠杆式力标准机的力值误差因素，表明提高位移控制精度、增大砝码重力 W 与支点距离 L_2 的比值，可以提高力值精度，且系统中有任何系统误差，均可以通过改变位移的大小予以修正。

（4）在所制作的 1MN 变比双杠杆式力标准机上的检验结果表明，力值重复性和力值相对误差优于 0.01%，加载时间可调、可控，操作使用简便。证明变比双杠杆式力标准机可广泛应用于力值计量和传感器产品检验领域。

（5）具备与上述变比单杠杆式力标准机叙述中相同的自动化工作和形象化监控的全部特征，取消人工对工作过程的干预，操作者也无须专业培训，只需要按照提示操作鼠标或者按键即可。从而极大简化操作者的工作，通常只需要装卸工件和打印输出数据处理结果表单，具备"傻瓜式"操作特征。

（6）工作系统设计采用模块化设计方法，与精益制造有机结合，完善的软件和监控功能有效配合。为了保证免维护，采取的措施是：所有相对运动件均采用自润滑的滚动摩擦形式，回转运动的传动采用同步带形式。

小结：杠杆式力标准机可以制作成变比杠杆式，而且可以具备更好的性价比。它天然地解决了杠杆平衡自动化问题，对试件安装的位置要求不高，操作更简单；取消了砝码及其加卸系统，具备更简洁的结构，更小的体积；它将机器对力的控制转化为对位移的控制。而位移作为长度单位具有更高的计量准确性，所以变比杠杆式力标准机的力值准确度等级不会比定比杠杆式力标准机低。同样的，它采用弹性铰支消除了支承的磨损；以可靠、简单为目标的工作免维护、"傻瓜式"操作的理念贯穿于设计中。

3.3 杠杆式力标准机的控制系统设计

杠杆式力标准机的工作控制与自动化实现的基本要求与静重式力标准机是一致的。对于变比（改变杠杆比）和定比（固定杠杆比）两种力标准机的控制方式是不同的。定比杠杆式力标准机，本质上是一台静重式力标准机加上杠杆系统组成的。因此，除与静重式力标准机的控制相同以外，增加了对杠杆系统的控制，目标是使取得计量数据时杠杆是处于平衡状态的。而变比杠杆式力标准机则取消了砝码加卸部分的控制，结构和控制得到了简化。

3.3.1 定比杠杆式力标准机的控制系统设计

传统上，定比杠杆式力标准机一般的状况都是加载速度慢、工作效率低、操作不便、制造和使用成本高。鉴于此，杠杆式力标准机的研发工作大都集中在提高工作效率、扩大测力范围、提高使用性能（自动化程度、简便性）等。

传统杠杆式力标准机（或者称力校准机、标准力源装置）采用固定杠杆比、改变重力砝码大小和数量的加载方式，达到施加不同大小载荷的目的。且受当时技术水平限制，砝码施加的方式必须是按照固定的模式进行，无法实现砝码的任意组合。本节介绍的内容不仅对传统定比杠杆式力标准机的控制系统做了相应的改变，而且也改变了设备的机械结构，静重式力标准机的砝码加载部分采用2.2.1节的电动独立加码的机械结构，这就为定比杠杆式力标准机的扩大测力范围、提高自动化程度及工作效率创造了必要条件。

定比杠杆式力标准机的控制系统秉承静重式力标准机的控制方式，由以微机为核心的控制装置硬件和软件组成，实现机器工作的自动化。应用软件可以实现对机器的手动、自动控制和半自动控制。

（1）加载手动控制。可在工作界面上利用鼠标或者手动触摸方式操作任意砝码的加卸动作，可以实施平衡调整、升降加载横梁等。

（2）计算机自动控制。系统可以根据设定的工作参数，比如预加载次数、检定点数、循环次数等，自动完成对测力仪的加载和计量检定的计算工作。

（3）半自动控制。设定工作参数后，加载工作自动完成，传感器读数手动录入。

1. 定比杠杆式力标准机控制系统功能需求分析

定比杠杆式力标准机为单杠杆结构，支点位于重点（砝码所在点）和力点（标定传感器所在点）中间，重点和力点各固定在杠杆一端不动，即系统的杠杆比恒定，通过改变砝码系统的质量来改变作用力点的作用力大小。

1）砝码控制

如同静重式力标准机一样，砝码控制包括驱动电动机的控制和砝码位置监测。控制器发出动作信号后，对应的砝码电动机同时动作，平稳地托起砝码实现上下运动，利用接近开关或者位置传感器限制砝码运动的上下极限位置。

2）杠杆平衡调整和监测

力标准机对杠杆平衡有严格的要求，包括零点平衡和加载平衡。初始工作时，即被施加力的工件（一般为力传感器）未受载荷之前，要保证杠杆式力标准机尽可能处于理想的杠杆水平状态。可通过调整杠杆上的移动质量块位置从而改变杠杆组件的重心位置实现零点平衡；加载后，杠杆平衡被破坏，由电动机驱动主机上的动横梁上下移动，实现杠杆加载后新的平衡。采用安装在主机顶部横梁上的位移传感器来监测杠杆的零点平衡和加载平衡。

3）防摆功能

为避免施加载荷时出现力值波动和杠杆振动现象，砝码部分如同静重式力标准机，吊挂部分在工作状态下需要求处于竖直状态，吊挂的自然平衡需要等待时间较长，为提高检测效率，在吊挂底端安装防摆装置（参见2.3.3节）来促使吊挂迅速进入平衡状态。

4）数据自动采集、运算功能

工作时，需自动采集、读取力值数据并进行自动分析、计算，输出需要的结果。

2. 定比杠杆式力标准机电控系统组成

以如图3.19所示的500kN定比杠杆式力标准机为例。

1）主要技术指标要求

力的测量范围为 50～500kN；设备准确度等级 0.03；力值误差≤±0.03%；力值重复性≤±0.015%；砝码质量相对误差≤±0.005%；杠杆放大比 1∶10；杠杆放大比误差≤0.01%；具有杠杆自动调平衡功能；具有手动、半自动、自动功能；控制系统具有安全保护和急停功能。

2）砝码组合与砝码加卸

500kN 定比杠杆式力标准机的静重式力标准机部分由 12 块标准砝码组成，其中 5kN 的标准砝码 9 块、2kN 标准砝码 2 块、1kN 标准砝码 1 块。每层砝码都安装有砝码驱动电动机实现砝码的加卸载功能，砝码限位开关检测砝码加卸载位置。

3）控制系统组成

本质上，定比杠杆式力标准机的控制系统可以分成两部分，即砝码加卸载控制系统和杠杆平衡控制系统。其中砝码加卸载控制系统实质上就是一台静重式力标准机的控制，具体原理、过程、方法如 2.4 节所述。除此之外，定比杠杆式力标准机的控制都是围绕杠杆平衡展开来的，包括前述的零点平衡和加载平衡的实施，同时包括减振控制。

本例中的杠杆机，为了完成杠杆平衡控制，机械主机部分分别安装有伺服电机（完成横梁升降功能）、平衡电动机（用于驱动质量块运动调整杠杆的初始平衡）、拉线编码器（检测杠杆上移动的质量块的位置）、差动变压器（检测杠杆平衡）。

300kN 定比杠杆式力标准机控制系统组成原理如图 3.37 所示。作为上位机的工控机上安装 I/O 卡（6505、6506、6507）和伺服驱动卡 9030，I/O 卡用于驱动砝码、静重机横梁、防摆机构动作，并接收设备上各开关量信号（包括砝码位置开关、静重机横梁位置开关等信号）；伺服驱动卡用于驱动主机部分的横梁升降伺服电机并接收平衡机构的拉线编码器信号和主机的横梁限位信号；与被检测力仪连接的二次仪表的读数进入工控机串口 COM1；差动变压器的信号通过模拟量输入模块（AD4017）连接工控机上的串口 COM2。

3. 定比杠杆式力标准机工作原理

在实现计量检测或校准过程中，根据检定规程的要求，依据被校准（或被检测）测力仪的量程，选择检测级数、预压次数、循环次数等参数。其中检测级数选择后，可以依照满量程自动平均划分，也可以根据实际需要和客户的需求手工

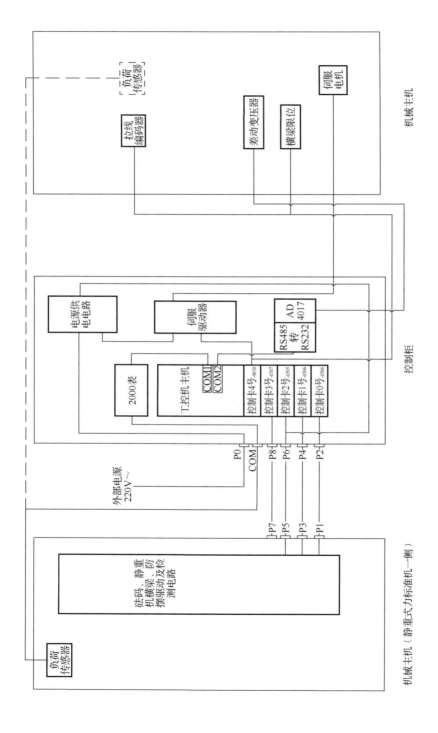

图 3.37　300kN 定比杠杆式力标准机控制系统组成原理图

输入检测点。图 3.38 为控制系统软件流程，图 3.39 为负荷特性试验操作流程图，试验参数设置好后，定比杠杆式力标准机按照控制程序所设定的步骤依次进行预压、加载、卸载、采集数据等操作。程序界面设计成形象化工作界面的模式（2.4节中所述），在加载、卸载的过程中，根据砝码数量的不同，控制界面上可以实时显示当前已经加的砝码数量，同时控制系统根据差动变压器的读数通过伺服电机调节杠杆的平衡，二次仪表对传感器进行数据的采集，并送入计算机中。负荷加载完成后，再依次按照测试点卸载，重复三次，根据传感器输出的结果进行数据处理，计算被检测力仪的技术指标，从而完成力值的传递溯源或计量检测。预定的动作执行完成后，控制系统将砝码都归位，载荷变为零，并将杠杆调平衡，以便操作人员进行下一次的校准工作。实际工作中，视被检测力仪的计量范围决定直接应用静重式力标准机部分检测还是应用定比杠杆式力标准机检测。蠕变特性试验操作流程如图 3.40 所示。

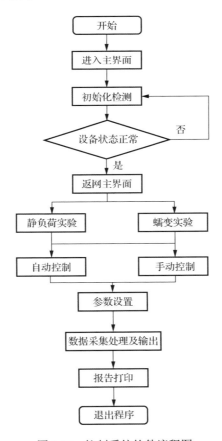

图 3.38　控制系统软件流程图

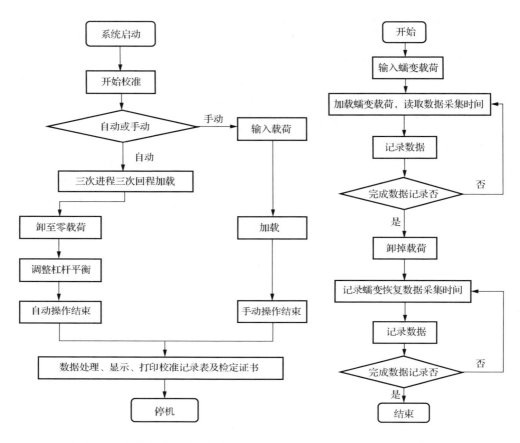

图 3.39　负荷特性试验操作流程图　　　　图 3.40　蠕变特性试验操作流程图

4. 定比杠杆式力标准机的形象化工作界面

借鉴前述静重式力标准机工作界面的思路，如图 3.41 所示的定比杠杆式力标准机的工作过程由软件控制实现全自动化，在 Windows 系统下，采用人机对话方式，全部试验工作过程均在微机提示下完成，设备的动作用颜色变化或闪烁来表示不同的状态，实验数据、试验条件均实时显示，自动诊断故障，并可以通过网络传输数据。实验数据的处理格式按照 R60 建议的标准执行。界面显示原理同静重式力标准机，见 2.4.1 节。

5. 500kN 定比杠杆式力标准机控制系统的功能测试及实验

控制系统的功能测试包括硬件测试和软件测试。硬件测试包括对砝码驱动部分和防摆部件进行测试、杠杆平衡装置测试、动横梁移动的高低速测试等；软件

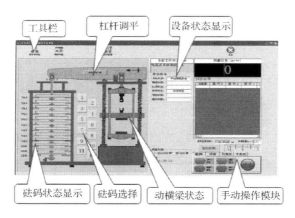

图 3.41　定比杠杆式力标准机工作界面

功能测试主要对控制软件的自动模式进行测试，设置界面输入传感器参数，程序根据自动记录杠杆的零点值保证杠杆的初始平衡状态。移动动横梁到与实验传感器接触，再由程序自动判断每级所需的砝码，通过砝码托盘向下运动来实现砝码的加载，读取数据后，再进行下一级砝码的加载直到回程卸载；回程卸载时也是由程序自动判断每级所需砝码，通过砝码托盘向上运动抬起砝码来实现砝码的卸载，然后将动横梁升起。最后从数据输出文件里看能否正确输出传感器实验结果。

　　力标准机可以用来对称重传感器的静负荷特性、蠕变特性进行检测，而使用标准传感器和高精度仪表也可以对 500kN 杠杆式力标准机的整机性能进行评估。表 3.5 为使用 HBM C3M2C-60t 和 HBM 1-Z4A-50t 两种传感器对 500kN 定比杠杆式力标准机进行蠕变实验的数据，通过蠕变实验验证设备的加载稳定性、线性度等。

表 3.5（a）　500kN 定比杠杆式力标准机蠕变实验数据 1

实验前零点输出/(mV/V)		15
实验中	试验标准数/(mV/V)	500000
	加载稳定 10min/(mV/V)	500098
	加载稳定 20min/(mV/V)	500090
	加载稳定 30min/(mV/V)	500080
传感器卸载后/(mV/V)		11

表 3.5（b）　　500kN 定比杠杆式力标准机蠕变实验数据 2

实验前零点输出/(mV/V)		0
实验中	试验标准数/(mV/V)	600000
	加载稳定 10min/(mV/V)	600139
	加载稳定 20min/(mV/V)	600125
	加载稳定 30min/(mV/V)	600118
传感器卸载后/(mV/V)		2

通过对静负荷试验和蠕变试验可知，设备自动控制模块设计完全达到设计的预期，可以实现检定过程的全自动化和 50～500kN 压力的精确计量，力值误差小于 0.03%，力值重复性误差小于 0.015%，负荷状态下，灵敏度误差小于 0.003%，完全满足设计要求，整机工作性能良好。

3.3.2　变比杠杆式力标准机的控制系统设计

如前所述，变比杠杆式力标准机是作者几十年来创新力标准机工作的一个重要部分，在中国投入使用是在 2009 年。关于这种相对新型的力标准机的工作控制，相较于同类的杠杆式力标准机有三大特征：第一是将力的精确控制转换为对位移的控制，目标是获得精确的杠杆比。从量值传递和工程实施角度来看，位移控制的准确度等级要比力的实现准确度等级高得多。而且，只要位移控制足够精确，则可以获得足够高精度的力值，这可以充分运用现代电子驱动控制技术和位移检测手段实现。第二是由于杠杆比变化的无级连续特性，因而施加载荷的级数不受限制、压方向也可以不受限制。第三是工作灵活，可塑性大。这表现在加载工作效率取决于对位移和位置的控制速率；对于不同的加载需求可以采取不同的应对措施。比如，预加载便无须通过驱动砝码的长距离移动实现，而只需要将砝码放置在相应的位置处，通过动横梁直接加载，如此可大大提高工作效率；只要已知规律，任何误差都可以补偿。

和定比杠杆式力标准机相似，变比杠杆式力标准机的杠杆平衡检测也是由位移传感器完成的，只是把定比杠杆式力标准机固定杠杆比、改变重力砝码大小和数量的加载方式变为重力砝码是单一的且质量固定，通过使其沿臂长方向游动时杠杆比改变，达到加载的目的，如此可以省去重力砝码加卸系统；可以通过电动机驱动控制质量固定的砝码（游码），提高加荷速度，加快载荷稳定平衡；可以通过精确控制杠杆比来补偿、控制以至消除误差。控制系统硬件部分与定比杠杆式力标准机控制系统硬件部分类似，不再赘述。工控机是检测系统的核心，作为上位机主要提供人机界面，完成与下位机的通信、控制等，根据控制参数实现自动加载、卸载和杠杆平衡电动机的运行，并在软件系统的支持下完成传感器数据的自动采集、处理、存储、查询、打印等功能。

1. 系统软件功能需求分析

变比杠杆式力标准机控制软件需要满足实时性、可靠性、界面友好等一般软件的功能，除此之外，还需满足：

（1）实时动态显示：在主控界面窗口绘制设备结构简图，将砝码、杠杆、动横梁的状态实时显示在窗口处，当设备工作时，需要实时读取差动变压器的示值，以此判断杠杆的平衡状态，便于操作人员及时了解设备的运行情况。

（2）全自动功能：根据标准的检定流程，在输入的传感器参数、设定好检测级数后，利用精密位移控制技术驱动固定的质量块（游码）沿着杠杆上精确移动，同时驱动动横梁动作，实现杠杆的平衡，完成数据采集和处理功能。

（3）数据采集和处理：自动完成数据采集，通过把检定规程里的计算公式编写程序来对数据进行处理，保存有效数据并生成检定报告。

（4）安全模块：安全模块应能在违规操作或设备出现异常情况时产生报警提示，将异常内容以提示消息的形式显示在窗口处，在帮助文档里给予响应解决方案。

2. 60kN 变比杠杆式力标准机控制和工作流程

根据试验要求和流程，采用 Visual Basic 软件平台设计了力标准机的控制软件，变比杠杆式力标准机控制系统软件界面如图 3.42 所示，用户可根据软件界面上的提示自行输入和操作，而且可以根据反馈信息判断力标准机的工作状态及出现的故障，软件对采集的数据进行复杂的处理，并调用 Microsoft Excel 打印试验报表。在上述工作完成的基础上，对不同规格的压力传感器进行试验标定，根据实验结果判断力标准机的性能指标。

如图 3.42 所示的实验软件界面中，界面左边为操作面板区，包括测量表区、平衡偏移区、检测设置区、操作区、输出区。其中测量表区包括测量表读数的显示和单位的选择，单击一次单位按钮测量表的单位改变一次，按照 N-kgf-lbf-mV/V 循环改变；平衡偏移区显示杠杆偏移平衡位置距离；检测设置区设置非线性、蠕变、温度检测项目；操作区可选择运行、停止、手动调机状态；输出区包括数据处理的选择和输出设置。

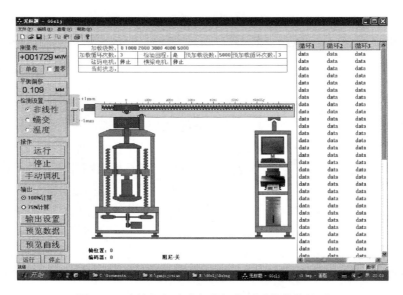

图 3.42　变比杠杆式力标准机控制系统软件界面

　　界面的中间部分为杠杆平衡状态动画显示区，该区主要动态显示杠杆的平衡情况，显示范围±1mm；在整个机器测试过程中，杠杆的闪烁表示杠杆处于不平衡状态；横梁的闪烁表示横梁在移动，闪烁的箭头表示移动方向；游码动态地显示移动位置和传感器所受的力大小。

　　系统处于静止时，当反向框架不承受来自被检传感器的作用力，也即被检传感器与反向架不接触的状态下，主杠杆处于水平状态时，即差动变压器的反馈值为±1mm，即视为零点状态。由于一些特别情况，力标准机的零点位置偏移会造成实验误差，为了实验的准确性，通过平衡砝码沿主杠杆长度方向的慢速左右直线移动使主杠杆恢复零点状态，完成零点校准平衡。

　　1）负荷特性测试参数设定

　　（1）实验方式，包括自动、压式、拉式、测试回程。参数设置界面如图 3.43所示。其中，"自动"表示测试的读数都会在右侧的数据显示区自动显示；非自动需要在稳定后，操作者点击记录数据按钮后，程序才能进行下一级测试；"压式"或"拉式"表示要进行实验的传感器类型为压式传感器或拉式传感器；"测试回程"表示需进行回程实验，且回程数据与进程数据级数及相对应的测试力值相同。稳定时间在时间项中设定，根据测试需求达到设定值后，进行下一级测试。

　　（2）预加载设定，包括预加载次数及预加载标准数。预加载次数为 0～3 的整数。

　　（3）实验循环数。循环数为 1～3 的整数。

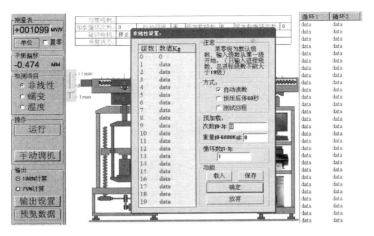

图 3.43 参数设置界面

（4）游码量程，即为砝码可到达的最大载荷位置。

（5）输入检定传感器最大负荷，避免超载。

（6）稳定时间。在该对话框中可以输入所需要的稳定读数时间，稳定时间达到设定值后，程序便自动记录数据，然后进行下一级测试。

（7）进程数据设置。可进行现场设置，也可载入之前设定好的实验参数。点击开始进行实验，实验完毕后，实验数据以 .txt 的文件格式自动保存。

2）蠕变特性测试参数设定

蠕变参数设置界面图与负荷特性测试参数设置类似。

3. 变比双杠杆式力标准机的控制系统

变比双杠杆式力标准机的控制系统组成原理如图 3.44 所示。以微机为核心的控制器，通过驱动器分别驱动主杠杆上的移动砝码驱动电动机、主机上的横梁驱动电动机运动；砝码移动距离和砝码的位置通过伺服电机上的编码器检测，并送至控制器；力的大小由传感器经仪表送至控制器；杠杆的平衡状态由杠杆平衡传感器检测。

4. 实例

在所研制的 60kN 变比杠杆式力标准机上进行负荷传感器的非线性和蠕变特性实验。实物照片如图 3.34（b）所示。实验过程中，载荷的施加时间由伺服电机运行速度决定，控制电动机转速即控制游码移动速度，也就控制了加载时间。从指示仪表读数变化可以看出，加荷速度几秒，并在几秒内卸全部载荷。对于本试验装置按 5 级载荷均分加载，可以实现 10s 以内加载。加（卸）载时间符合 R60 建议对传感器检测试验的加载要求。

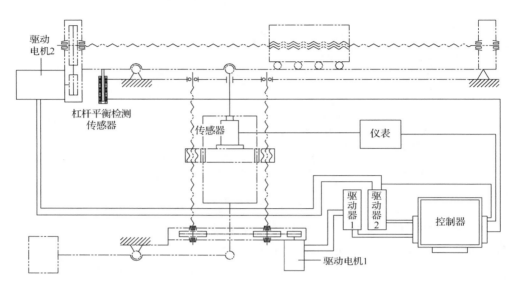

图 3.44　变比双杠杆式力标准机的控制系统组成原理

表 3.6 为三组试验结果，试验所用仪表为 2000 标准负荷测量仪。

表 3.6（a）　6t 杠杆式力标准机测试数据 1

过程	第一次/(mV/V)	第二次/(mV/V)	第三次/(mV/V)	平均值/(mV/V)	理论值/(mV/V)
加载值为 0kg 时进程	−1.0	−1.0	1.0	−0.3	−0.3333
加载值为 0kg 时回程	15.0	5.0	6.0	8.7	−0.3333
加载值为 200kg 时进程	56557.2	56556.4	56557.8	56557.1	56605.4
加载值为 200kg 时回程	56605.6	56595.2	56594.8	56598.5	56605.4
加载值为 400kg 时进程	113144	113137	113141	113141	113211
加载值为 400kg 时回程	113209	113200	113200	113203	113211
加载值为 600kg 时进程	169775	169770	169774	169773	169817
加载值为 600kg 时回程	169839	169831	169833	169834	169817
加载值为 800kg 时进程	226403	226398	226398	226400	226423
加载值为 800kg 时回程	226444	226438	226400	226440	226423
加载值为 1000kg 时进程	283032	283026	283027	283029	283029

表3.6（b）　6t杠杆式力标准机测试数据2

过程	第一次/(mV/V)	第二次/(mV/V)	第三次/(mV/V)	平均值/(mV/V)	理论值/(mV/V)
加载值为0kg时进程	0.0	0.0	0.0	0.0	−0.02486
加载值为0kg时回程	18.8	9.8	13.4	14.0	−0.02486
加载值为500kg时进程	66285.6	66286	66292.8	66288.1	66294.5
加载值为500kg时回程	66303	66299.4	66307.6	66303.3	66294.5
加载值为1000kg时进程	132519	132524	132528	132524	132520
加载值为1000kg时回程	132511	132512	132515	132513	132520
加载值为1500kg时进程	198724	198725	198736	198728	198724
加载值为1500kg时回程	198711	198717	198721	198717	198724
加载值为2000kg时进程	264942	264951	264956	264950	264945

表3.6（c）　6t杠杆式力标准机测试数据3

过程	第一次/(mV/V)	第二次/(mV/V)	第三次/(mV/V)	平均值/(mV/V)	理论值/(mV/V)
加载值为0kg时进程	0.0	−0.6	−1.0	−0.5	−0.5333
加载值为0kg时回程	2.2	−0.6	−1.0	0.2	−0.5333
加载值为1000kg时进程	12415	12412	12413	12413.3	12420.6
加载值为1000kg时回程	12416	12416	12413	12415.1	12420.6
加载值为2000kg时进程	24827.8	24827	24827.4	24827.4	24841.6
加载值为2000kg时回程	24828.4	24827.6	24827	24827.7	24841.6
加载值为3000kg时进程	37249.6	37248.6	37249.8	37249.3	37262.7
加载值为3000kg时回程	37250	37249.4	37249.8	37249.7	37262.7
加载值为4000kg时进程	49673.2	49672.2	49674.2	49673.3	49683.8
加载值为4000kg时回程	49673.6	49672.8	49673.6	49673.3	49683.8
加载值为5000kg时进程	62097.8	62097.8	62099.4	62098.3	62104.9
加载值为5000kg时回程	62095.6	62097	62097.6	62096.7	62104.9
加载值为6000kg时进程	74525	74526	74527	74526	74526

　　上述数据是用同一台变比杠杆式力标准机在不同的时间段测量不同量程的负荷传感器得到的，所以本试验的外部环境条件是一样的。选取表3.6中测得的该传感器的灵敏度值分别为2.8303 mV/V、2.6495 mV/V、0.7453 mV/V。目前常用的称重传感器当中，柱式结构的灵敏度通常为 1mV/V，桥式结构、悬臂梁结构、平行梁结构的灵敏度通常为2mV/V，另有一小部分悬臂梁结构、S形结构的

灵敏度通常为 3mV/V。试验中用到的传感器输出的重复性数值分别为 0.0038%、0.0052%、0.0043%。从上述数据可以看出，传感器的输出重复性非常理想，误差一般不超过 0.006%，这是大量试验的结果，从而说明变比杠杆式力标准机的重复性和稳定性均很好。

小结：与所有机器设备类似，杠杆式力标准机的控制，围绕保证精度、提高效率、操作简便、工作可靠展开。以机器简化模型为基础的动画模式实现的形象化界面显示和操作，对于杠杆式力标准机依然适用，且效果显著，具备"傻瓜式"操作的智能性特征。

3.4　杠杆式力标准机的拓展应用

杠杆式力标准机将重力砝码经过固定杠杆比的杠杆机构放大后，通过改变重力砝码的数量和大小实现施加不同的力值，在力校准装置中应用广泛。除了上述介绍的杠杆式力标准机以外，本节介绍的是杠杆测力设备的特殊应用场合和衍生出的特殊结构。

3.4.1　杠杆式拉压双向力标准机

双向力指一维直线坐标方向上沿坐标轴正负两个方向的作用力，通常为拉压作用力。即工作时，拉压双向力可以遵循"拉向作用力→零→压向作用力"或者"压向作用力→零→拉向作用力"的规律，通常在经过零点时不需要附加其他过渡装置就可以实现。对于测力仪而言，是指对作用力的测量可以在正负两个方向任意检测；对于施加力值的装置则是它可以在两个方向自由施加作用力。双向作用力在工程中是极为常见的，比如石油工业中的抽油机抽油杆往复运动的力值测量、疲劳试验中 $r=-1$ 情况下力值的测量、钢板轧制机纠偏测力等。

1. 双向测力仪

如前所述，测量力值的各种测力仪实现测力的方法可以归纳为两类[13]，分别是利用力的动力效应和利用力的静力效应。利用力的动力效应，是建立在牛顿第二定律基础上，根据力使物体产生加速度的原理进行测量的各种测力方法。最常用的就是已知重力加速度和质量，根据 $F=mg$，可以获得力的大小，这是各种标准力实现的基本方法。

利用力的静力效应测定力值，是根据力的作用使物体产生变形的基本原理进行力值测量的。最常见的办法是利用弹性物体，根据胡克定律进行力值测量，即在线弹性条件下如下公式成立：

$$P = kL \qquad (3.49)$$

式中，k 是弹性体的刚度；L 是弹性体的变形；P 是作用力。

工程上应用最普遍的方法是利用力的动力效应制作的测力仪直接测量双向力。但是，它必须通过机构转换实现双向测量。如上述的力标准机反向架就是转换机构。利用力的静力学效应制作的各种测力仪，从基本道理上说都可以实现双向测力。如图 3.45 所示的直读式百分表测力仪，常称为测力环，作用力 P 施加到已知刚度的环形弹性体上，产生的变形由百分表读出，根据公式 $P=kL$ 可以测得力值 P 的大小。

还比如应用最广泛的电阻应变式测力仪[14]，典型结构如图 3.46 所示，主要由弹性元件 1、应变片 2 及外壳 3 等部分构成。

图 3.45　直读式百分表测力仪

它通常将应变片按照某种规则用黏接剂粘贴在弹性元件的变形部位上，弹性元件在外力 P 作用下产生的应变，通过黏接剂传递给应变片上的电阻丝栅感应，使电阻丝栅随之伸长或缩短，引起电阻改变，然后由测量仪表将此电阻变化转变成与外力相对应的电量，进行显示，完成整个测量过程。上述作用力 P 都可以是双向的，也即测力仪可测量双向作用力。

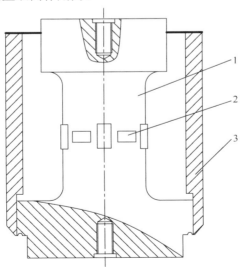

图 3.46　电阻应变式测力仪典型结构示意图

1-弹性元件；2-应变片；3-外壳

2. 杠杆式双向加载装置

拉压双向的力值测量需求催生了双向测力传感器的发明、发展和推广应用。但是，迄今为止，拉压双向力传感器的负荷试验、标定、检定、校准基本上采用单向加载工作方式，通常利用反向手段将力源的压向作用力转换成传感器承受拉向作用力，再按照压向作用力相同的检验方式进行加载试验。拉压转换的过程既需要合适的工具手段，又增加了误差来源，同时浪费了时间。拉压双向测力仪的计量检测，需要可以双向加载的标准力源。这里讨论的是直接、连续地施加作用力的杠杆式力标准机技术。

1）变比单杠杆式双向加载装置

利用重力产生双向作用力，变比单杠杆式双向加载原理如图 3.47 所示。

略去杠杆构件的自重力和三个铰支点 A、B、C 处的摩擦力，砝码重力 mg 通过刚性杠杆机构实现的作用力 P，在杠杆平衡时符合下述关系：

$$P = mg \frac{l}{S} \tag{3.50}$$

式中，l 和 S 分别为杠杆的两个力臂。由式（3.50）可见，若要使 P 反向必须是 S 或者 l 的其中一个实现符号变换。假设铰支点 C 是可以沿着杠杆体直线移动的，只要点 C 越过点 B，力 P 的方向就是负的了。可见这种办法的核心是砝码的位置应该能够移动，如此，作用力自然就实现了双向转换。因为重力可以是不变的，所以长度（位置）、平衡和支承是基于这种原理的加载装置的工作精度的三个核心问题。

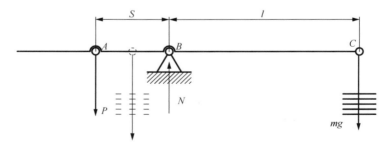

图 3.47　变比单杠杆双向加载原理

如上所述，利用杠杆原理将重力转换为双向载荷的关键是作为力源的重力砝码的位置可以沿杠杆体移动，正如前述定义的变比杠杆的概念。

典型的变比单杠杆式双向力标准机是如图 3.48 所示的德国测试计量公司生产的 100kN 杠杆式力标准机，文献[3]、[10]对这种装置的原理、基本结构、性能做了介绍，可以实现连续施加双向作用力，其力值测量不确定度可达 0.01%。该技术方法的结构特点是采用了应变可控弹性铰支，它利用应变测量检测杠杆的平衡。

图 3.48 GTM 变比单杠杆双向加载装置

2）变比双杠杆式双向加载装置的工作原理

除单杠杆式双向加载方式以外，在双杠杆式力标准机基础上，可以实现连续加载、测量的双向力校准机的技术实现方法，图 3.49 为双杠杆式力标准机原理与受力关系[20-21]。主杠杆 1、辅助杠杆 2、反向架 3、砝码 4 构成双杠杆工作系统，四个铰链 A、B、C、D 位于平行四边形 $ABCD$ 的顶点。A、B 的距离与 C、D 的距离相等，大小为 S。正常工作时，平衡状态的 $AB//CD$，且是水平的。通常 AB 反向架 3 在平衡杠杆系统里是一个二力杆，但在其中间设置框架，用以安装被施力的传感器 5 和承载结构体 6。传感器 5 上端与反向架固接，下端与承载结构体 6 固接，并且通常传感器的受力中心线与二力杆的中心线重合。主杠杆 1 上设置的砝码（质量 m）可以沿着杠杆横向移动，距铰链 A 的距离 $l+L_0$，当 $T=0$ 时砝码距离铰链 A 为 L_0；砝码的最大运动范围 L。辅助杠杆尾端设置配重，质量 m_1。

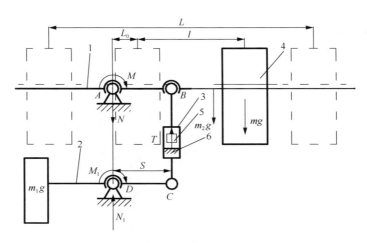

图 3.49　双杠杆式力标准机原理与受力关系

1-主杠杆；2-辅助杠杆；3-反向架；4-砝码；5-传感器；6-承载结构体

如图 3.49 所示的双杠杆系统所受外力包括砝码的重力 mg、配重的重力 m_1g、杠杆系统除砝码和配重以外的构件质量引起的重力合力 m_2g，铰链 A 的支反力 N，力矩 M，铰链 D 的支反力 N_1 力矩 M_1，传感器 5 对系统的作用力 T。空载时，杠杆处于平衡状态，砝码的位置距离铰链 A 的距离为 L_0。它是由辅助杠杆通过配重使杠杆处于平衡的位置，在系统设计确定后 L_0 为常数，除非刚杆系统中的任何位置处受到外力作用。例如，在图示反向架空间检测拉式传感器，需要将传感器固接在反向架 3 上，传感器及其连接件的重力会破坏杠杆的初始平衡，此时通过移动砝码 mg，改变 L_0 的位置，可以实现再度平衡。当然，如果检测压式传感器，或者在承载结构体 6 下方的空间检测拉式传感器，砝码的初始平衡位置则无须改变，因而，传感器的质量变化时无须调节机器。同时，根据分析，由于 $ABCD$ 任何情况下都是平行四边形，所以对传感器 5 施加力的方向线是平行的，这对传感器的安装位置要求降低了。这些都使机器的操作更加简便。

加载工作时，在保证初始平衡正确的前提下，移动主杠杆上的砝码，即可以达到改变施加于传感器上的作用力 T 的目的。忽略误差因素，杠杆平衡时，T 与砝码位置的关系如下：

$$T = \frac{mgl}{S} \qquad (3.51)$$

因为对于确定的系统，mg 和 S 都是常数，可见，精确控制砝码的位置 l 就可以精确时间作用力 T。且 T 的方向受 l 控制，可以实现拉、压连续、高效、准确地施加载荷。由于现代驱动与控制技术可以比较容易地达到很高的位移控制精度，因而可以实现高精度施加作用力的目标。

在使用刀口支承作为 ABCD 四个铰链的情况下，已经做到的技术指标是，在 1%额定载荷处，力的相对误差达到 0.01%。最大规格的双杠杆式力校准机达到 1MN，但作用力 T 是压向作用力。要实现双向加载，图 3.49 中的四个支承必须能够承受拉压双向作用力，因此采用刀口支承就做不到了。虽然采用气浮支承和磁浮支承等可以近似为没有摩擦转矩的支承更为理想，但是毕竟造价和结构极大限制了它们的可行性，尤其是对于大负荷的情况。所以，根据前述分析，采用弹性铰链是合适的选项。

3）双杠杆式双向力校准机的布局、工作与结构

按照图 3.49 原理，运用弹性铰支，设计双杠杆式双向力校准机，弹性铰支的布局与工况如图 3.50 所示。图 3.50（a）～图 3.50（c）分别显示压向载荷、平衡和拉向载荷三种工况。四个铰支 A、B、C、D 均采用弹性铰支，承受双向作用力。点 O 位于平衡线上，是杠杆零点平衡位置，此时 $l=0$。当 $l>0$，如图 3.50（a）所示的砝码处于点 O 右侧，则施加的作用力 T 为压向作用力，通过承力机构的位移控制实现杠杆平衡，然后可以计量力值大小；反之，当 $l<0$，即砝码处于点 O 左侧，施加的作用力为拉向作用力。杠杆系统主杠杆体的质心垂向位置位于平衡线下方。设备安装了驱动控制、检测与安全保护装置以及机架以后，即构成完整的双杠杆式双向力校准装置。

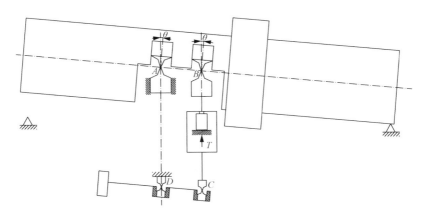

（a）压向载荷非平衡状态

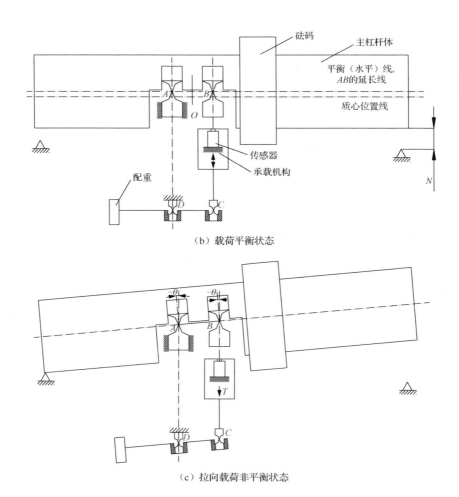

（b）载荷平衡状态

（c）拉向载荷非平衡状态

图 3.50　弹性铰支的布局与工况

　　根据静力平衡关系，铰链 B 和 C 的内部相互作用力视为内力，因此它们对杠杆系统施加的作用力不产生影响。当然这是建立在虚拟四杆机构所建立的平行四边形始终是正确的前提下，假如由于 B 和 C 的内力作用使得四边形的边长产生变化，势必会通过传感器的施力位置、铰链 A、B 对作用力 T 造成影响。若阻力矩足够大，将使 BC 的长度变化，进而使得 BC 与 AD 不平行；对铰链 A 施加横向作用力，增大摩擦力矩。但由于实际中许用的转角 $[\theta]$ 很小，例如上述计算例中力值允许误差范围内的偏转角 $0.003°$，引起 BC 的最大可能长度相对变化约为 5.2×10^{-5}。由于值很小，不会对力值造成超过误差允许的影响，所以铰链 B、C 比较容易满足力学性能要求。

4）变比双杠杆式双向力校准机的结构示例

（1）1MN 变比双杠杆式双向力校准机。

1MN 变比双杠杆式双向力标准机结构示意图如图 3.51 所示。它采用了弹性铰支作为支承，与单向的双杠杆力标准机相比，区别在于它允许游码在铰支 A 的左侧杠杆体上移动；主杠杆上的两个铰支允许双向受力，因此该机不能使用刀口支承。

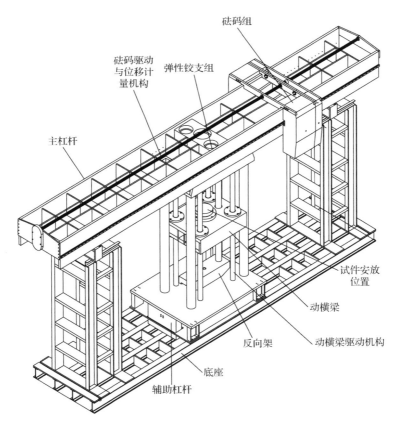

图 3.51　1MN 变比双杠杆式双向力标准机结构示意图

（2）300kN 变比双杠杆式力标准机误差分析。

图 3.52 为 300kN 变比双杠杆式力标准机，它采用了弹性铰支。

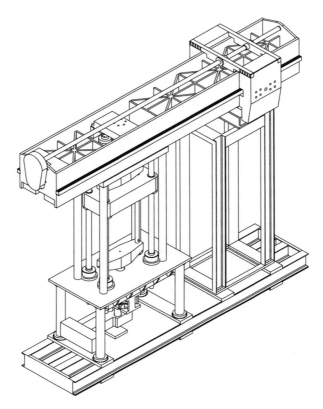

图 3.52　300kN 变比双杠杆式力标准机

5）变比双杠杆式力标准机的误差有限元分析

运用有限元分析方法进行变比杠杆式力标准机的结构力学分析计算不但是一种有效的力学性能计算分析手段，也是力标准机误差计算的有效手段。以 300kN 变比双杠杆式力标准机为例，运用有限元方法对其进行误差分析，并进行结构的优化。

设定计算目标是：弹性铰支承受额定载荷，安全系数约为 2，额定力值 1%情况下，因为弹性铰支产生的力值误差不大于 0.01%，期望最大平衡位移控制精度 10μm 左右。之所以在额定值的 1%点处计算，源于从该点开始计量力值大小，此点的误差是全部量程段最大的。

（1）建模。

如图 3.53 所示的整机有限元几何模型，是根据设备结构建立的。

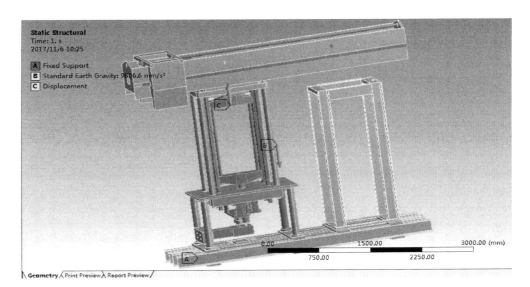

图 3.53　整机有限元几何模型

相应于图 3.50 中 A、B、C、D 四个铰链的弹性铰支的几何模型及尺寸，如图 3.54 所示。弹性铰支的工作应力允许 1000MPa，经过分析计算，强度和稳定性满足要求。相应于图 3.50，尺寸 AB=110mm，砝码质量 1000kg。

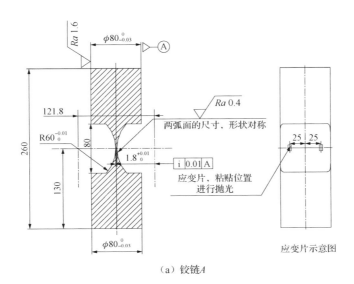

（a）铰链 A

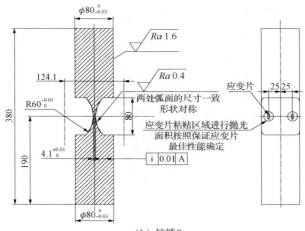

（b）铰链B

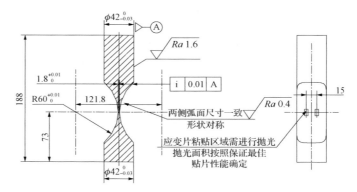

（c）铰链C

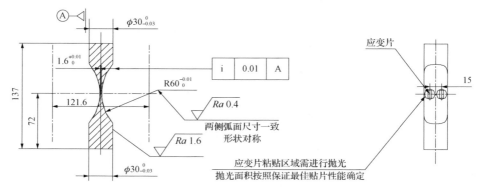

（d）铰链D

图 3.54　弹性铰支几何模型（单位：mm）

（2）工作条件与约束。

设置弹性铰支材料：60Si2CrVA。

网格划分：自动划分，弹性铰支 A、B、C、D 的网格尺寸为 5mm。

施加重力：对整个系统施加重力，重力加速度为 9806.6mm/s，方向如图 3.54（b）所示。

固定约束：对底面施加固定约束，如图 3.54（a）所示的铰链 A 处，即坐标系的 xOy 面。

位移约束：以一小圆柱直径 0.2mm，高度 0.1mm，代替待加载荷的试件。设其弹性模量很大，按 2×10^{20}Pa 计算。小圆柱下方施加一个位移约束，图 3.54 中 C 处。在零点位置时，小圆柱不受任何约束，可看作受力为 0。

1%额定载荷为 3kN，理论位置距离零点 33.6391mm，为计算简便为取为 33mm。将砝码的质心位置放置在此位置处，图 3.55 为计算尺寸示意图。

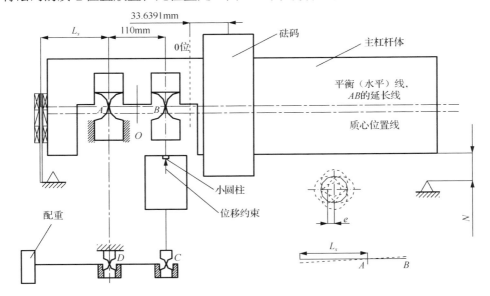

图 3.55　计算尺寸示意图

本节计算三种情况：①通过位移约束位置变化，以保证作用于小圆柱铅垂方向的绝对力值误差在 0.01%以内为目标，通过结构调整，使得位移约束的位置变化精度要求尽可能降低；②改变小圆柱在 xOy 面内的位置，检验试件安装位置变化对力值误差的灵敏性；③砝码位移精度对力值误差的影响。

（3）计算结果与分析。

第一，位移约束位置变化。计算的三种情况列于表 3.7。

表 3.7　位移约束位置变化

序号	约束处位移/mm	相对误差δ_1/%
1	0.38132	0.01
2	0.38065	0.00068
3	0.37995	−0.0095

可见，在约束处位移变化 1.37μm 情况下，力值误差相对值可以控制在 ±0.01% 以内。若线性推演之，在额定载荷的 3%情况下，控制力值相对误差 ±0.01%以内，对约束处位移的要求可达到 4.11μm。以图 3.55 作为参考，在距离点 $A\,L_s$ 处设置位移检测传感器，则传感器的位移检测输出得到放大，放大倍数 $n=L_s/L_{AB}$。假如位移传感器的测量误差不大于 ±5μm，欲使 1%额定载荷处的误差不大于 0.01%，则 L_s 至少为 803mm。

第二，小圆柱在 xOy 面内的位置改变。见图 3.55，偏心距 e 分别在四个方向上取值，e=2mm，计算结果如表 3.8 所示。

表 3.8　偏心距为 2mm 时的计算结果

序号	位置	相对误差δ_2/%
1	左	0.00068
2	右	−0.0095
3	上	0.0061
4	下	0.0027

据此认证了试件在平面内的位置变化对力值没有影响的理论，但由于结构非理想因素，影响还是存在的，但可以认定影响很小。不妨按线性规律推演，如果试件受力中心线位置在直径 2mm 的圆内，误差不会大于 0.005%。这个位置误差，通过人的肉眼观察足以控制，因此可以忽略位置变化的影响。

第三，砝码位移精度问题。设由此引起的相对误差为 δ_3。

根据式（3.50），位移引起的力值误差为 mg/S=0.0826N/μm。1%额定载荷的 0.01%误差值为 0.3N，因此，位移误差需小于 3.6μm。

综合以上三种误差因素，以试件处位移控制最为关键，在需要达到 0.01%的准确度等级前提下，按最小二乘法规则，得

$$\delta^2 = \delta_1^2 + \delta_2^2 + \delta_3^2$$

若按砝码位移精度引起误差为 0.005%，试件位置变化误差 0.001%，则试件处位移控制误差不应大于 0.0086%。

6）结论

（1）双杠杆式力校准机可以完成力的校准或者传递的任务，具有准确度高、

工作效率高、操作方便等特点，是一种较理想的机制计量设备。采用刀口支承的双杠杆式力校准机，力值不确定度可达到 0.01%。

（2）鉴于杠杆式力校准机铰链转动角度非常小（小于 0.1°），设计了一种微转动弹性铰支，它可以通过电阻应变方式检测弹性铰支的转角，通过控制转角可以达到控制力值精确度的目的，具有无摩擦、无磨损、机械结构简单等优点。

（3）运用弹性铰支设计双杠杆式力标准机，结构布局不存在技术难题，机器的驱动控制和检测与刀口支承双杠杆式力校准机相似，不同的是弹性铰支式力校准机增加通过检测转角保证平衡的途径。除了具备双杠杆式力校准机的优点以外，可以实现对传感器施加拉压双向连续载荷的目标。分析表明，力值准确度可以达到 0.01%。

（4）运用于弹性铰支的双杠杆式力校准机具有可预测的优良技术性能，其生产制造难度低于现有其他形式的杠杆式力校准机，具有推广应用的良好前景，为有效解决拉压双向传感器的计量检定和校准提供最合适的手段。

3.4.2　双杠杆式微小力标准机

虽然采用静重式力标准机方式可以实现很小的力值以及力的范围，但是当力值更小时，由纯静重力方式实现，虽然可以做得到某个力值大小，但是当作为测力仪的检测装置使用时，会在结构上存在难以逾越的障碍，因为砝码的体积太小了。为此，采用杠杆缩小不失为一种可行的办法。在杠杆平衡吊挂方式的静重式微小力标准机中，如图 3.56 所示的杠杆加载（缩小）原理，如果在左侧的平衡砝码处放置被加载测力仪，则可以构成一种杠杆式力标准机，但是砝码的输出重力值被缩小了，得到的力值可以更小。例如，杠杆比例为 20，则最小力值可达 0.5mN。它可以是一台全自动的杠杆式力标准机，但是输出的力值可以涵盖毫牛级力值了。

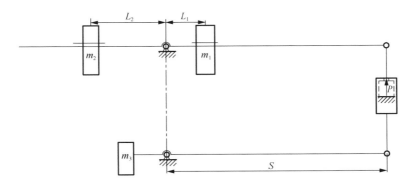

图 3.56　杠杆加载（缩小）原理

运用上述加载技术，不但可保留它固有的所有优点，还可以获得更小的力值。

1. 力值缩小的杠杆方法原理

双杠杆系统，假设 m_3 使得杠杆系统处于初始平衡状态，根据力平衡可得杠杆施加于被施加力对象上的作用力 P：

$$P = \frac{m_1 g \cdot L_1}{S} - \frac{m_2 g \cdot L_2}{S} \tag{3.52}$$

1）力值缩小

式（3.52）中，若取 $m_1 > m_2$，L_1、L_2 绝对值相等，符号相反，即 $|L_1| = |L_2| = L$（L_1 与 L_2 符号相反），则有

$$P = (m_1 - m_2)\frac{gL}{S} = \Delta m \cdot g \cdot \frac{L}{S} \tag{3.53}$$

设计使 $L \leqslant S$，则最大力值 $P_{\max} \leqslant (m_1 - m_2)g$，在整个行程范围内，$P$ 是位移 L 的函数，但是由于 $S > L$，杠杆系统起着对重力的缩小（而不是放大）作用。

2）双砝码

采用双砝码，是因为单块砝码的质量过小时，机械加工制造无法实现，而利用两块砝码的质量差值可以达到任何需要的砝码重力值。$L_1 = L_2$ 意味着两块砝码同步反向运动。双砝码加载力的符号如图 3.57 所示，设两块砝码同步运动时所施加的作用力分别为 $F_1 = m_1 gL$ 和 $F_2 = m_2 gL$，则合力为

$$F = (m_1 - m_2)gL \tag{3.54}$$

根据两块砝码的质量差，产生的作用力可以是正，也可以是负。

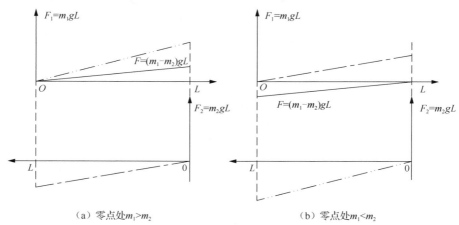

（a）零点处 $m_1 > m_2$　　　　　　　　　（b）零点处 $m_1 < m_2$

图 3.57　双砝码加载力的符号

双砝码的布局还可如图 3.58 所示的运动空间重叠布局，二者相向同步运动，

杠杆施加于被施加力对象上的作用力 P 如式（3.53）。但是零点初始平衡应该与图 3.56 不同，这可以通过改变质量 m_3 达到初始平衡状态。

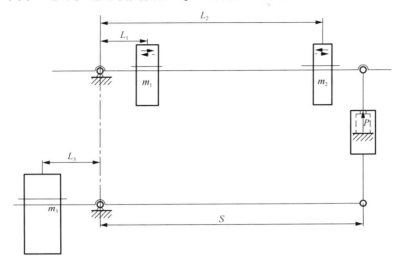

图 3.58　运动空间重叠布局

3）拉压双向作用力的实现

式（3.52）中，如果使得 $m_1 < m_2$，则有 $P<0$。由此，P 的方向可以改变，由压向变为拉向载荷。假如，在一个循环工作过程中，在零点处改变 Δm 的符号，则可以实现力的拉、压双向加载。一种自动改变零点处改变 Δm 的符号可行办法是，在零点处将砝码 m_1、m_2 的位置调换。由此引起零点平衡状态的改变。它可以通过改变质量 m_3 的位置 L_3 进行调整，位置 L_3 的调整量在当两块砝码的初始位置为 $L_{\max}=S$ 时，调整值为

$$\Delta L_3 = \Delta m \times L_{\max} / m_3 \qquad (3.55)$$

位置调换和调整都可以通过自动方式实现，并且是在零点处完成的，它不占用试验时间，因此可以实现拉压双向的加载。

当然在式（3.52）中，可以通过改变 L_1、L_2 的方向达到改变力 P 的方向的目的，但是这需要增大结构。

2. 最小力与误差分析

先抛开物理因素，引起工作装置误差的原因主要是位移和铰支。

1）位移引起的误差

根据误差原理，依照式（3.52）得由行程长度变化 ΔL 而引起的力值误差为

$$\Delta P = mg \frac{\Delta L}{S} \qquad (3.56)$$

相对误差

$$\delta P = \frac{\Delta P}{P} = \frac{\Delta L}{L} \qquad (3.57)$$

假设 δP=0.01%，P_{max}=mg，以 1% P_{max} 为误差分析点，则许用的最大位移误差为

$$\Delta L = L \times 10^{-6}$$

取 L=1000mm，则 ΔL=1μm。

可见，只要位移精度足够高，由此引起的误差会很小。在上述条件下，可以做到从最大力值的 1%点起始至最大值，误差为 0.01%；增大行程长度 L，可以减小对位移精度控制的要求。

2）铰支引起的误差

铰支对杠杆机的影响在第 2 章做过介绍，它同样适用于这里。需要强调的是，假如运用刀口支承，那么按照天平的要求设计，铰支的误差仍然可以忽略。

对于采用弹性铰支的情况，缺乏实验数据，仍然以力学计算为基础，上一章的相关分析仍然有效。特殊问题是需要考虑力值很小的情况。利用杠杆缩小原理能够实现最小力值是多大，没有实用数据。以 1mN 为考虑点，假如相对误差要求是 0.01%，则误差为 0.1μN，这是一个太小的力。

3）关于其他物理因素

其他物理因素包括空气、振动、温度、重力场、磁场等。其中，关于温度的影响在文献[6]里指出可以不予考虑；对于确定的地点认为重力场不变；磁场则应该避免它对力值计量过程中的影响，即在力值计量过程中，不应在力标准机周围存在磁场，例如不应该使用基于电磁原理的检测手段，驱动装置即使使用电动马达也应该使其磁场封闭，或者在计量时切断电源。在这些物理因素当中最直接、最重要的当属空气浮力与空气流动因素。静止空气中质量为 m 的砝码，其重力为[4]

$$F = mg(1 - \frac{\rho_a}{\rho}) \qquad (3.58)$$

式中，g 为当地重力加速度；ρ 为砝码的密度；ρ_a 为当地的空气密度。对于双杠杆式力标准机，由于砝码的体积固定不变，所以由空气密度引起的误差是个系统误差，可以消除。但是，假如空气有流动现象，即使是流速比较低，它对砝码甚至机器本身产生的动力都难以忽略。假设空气流动引起空气压力变化为 1mbar（1bar=10^5Pa），则对于 100cm^2 面积的物体产生的作用力可达 1N，所以对于任何小力值、微小力值的计量或者测试，都不能不考虑空气流动的影响。为此，对于力标准机，其工作场所应当处于免于空气流动的封闭空间。

振动对于小力值杠杆式力标准机的影响应该是一项比较重要的、必须考虑的因素。振动因素包括外部振动干扰和机器内部由于运动不平衡等因素引起的自振

动。典型的振动因素是驱动砝码和横梁运动的电动机引起的振动，主要是在电动起启动、停止等过渡过程中产生的惯性力导致：

$$Fd=ma \tag{3.59}$$

该惯性力一方面本身引起铰链支承的形变，另一方面以激振源的形式引起设备的振动。为此，首先应该尽可能减小惯性力，电动机启动时采用缓慢启动方式；其次应该考虑设计合理的结构，以最大成对减轻振动影响。

4）结论

在保证空气流动、振动等物理因素不影响机器工作的前提下，杠杆缩小式力标准机的误差水平仅取决于砝码位移和水平状态位移控制精度，再考虑其他可能的因素造成的相对误差为 0.03%，则按照最小二乘法规则，这种力标准机的相对误差水平在额定值 1%处应该在 0.05%以下。

3. 铰支

关于铰支，作用和种类如前述。但是对于小力值杠杆式力标准机来说，如果采用刀口支承，那么所有关于精密天平的支承原理与技术方法都可以应用在这里。但是如果需要双向加载时，就不能采用刀口支承了。

4. 结构

微小力值杠杆式力标准机的机械结构如图 3.59 所示。除与一般杠杆式力标准机具有相同的组成构件以外，其显著的结构特征包括：具有双丝杠带动的双砝码；整机工作时外加护罩，以防止气流影响。

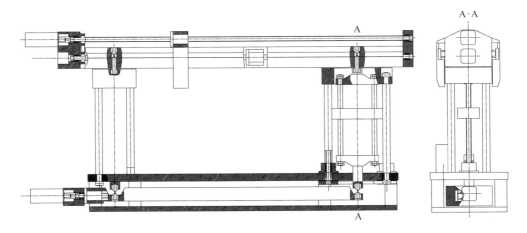

图 3.59　微小力值杠杆式力标准机的机械结构

3.4.3　塑性测压试件校准的高精度加载技术

第 2 章提到过，传统火炮、枪械等武器的膛压测定是检查火炮武器强度的重要技术指标，应用最广泛的膛压测定方法是塑性变形测压法，通常为铜柱测压法。塑性变形测压法具有工作可靠、使用方便、成本低廉等突出的优点，一百多年来，一直是常规武器膛压检验的主要技术手段。铜柱测压法进行膛压测定的关键问题之一是对铜柱试件进行校准，虽然动态或准动态校准方法和技术成为人们研究的热点，但是静态校准仍是不可或缺的，静态力仍是力值计量中的比对基准。在我国静态校准的技术装置和水平基本上维持在 19 世纪五六十年代的状况，亟待提高[22-23]。

1.　膛压塑性变形测压法的试件校准对加载要求与加载原理

目前应用较多的膛压测量的静力学方法是使力作用到一个不动的物体上，并使它变形，依据变形量的大小来确定作用力的大小。常用的塑性变形法是铜柱测压法。作为承受所测压力而变形的物体，通常使用的是纯净的电解铜所制成的铜柱。

为了测压的准确，必须对铜柱进行校准。静态校准的方法是对铜柱按照要求的加载方式施加准确的作用力后，测量铜柱的变形。可见对铜柱按照要求的加载方式施加准确的作用力是试件校准加载装置的基本要求。归纳来看，铜柱校准首先要求力值要准确；然后作用力线与铜柱轴线重合，受力后铜柱上下底面应该是平行的；最后要按照预定的时间加载和稳定保持。

加载的基本原理基于双杠杆式力标准机，可以是定比的，也可以是变比的。根据如图 3.25 和图 3.27 所示的分析结果，假设被加载的试件为铜圆柱，这种加载方式可以保证上下压头的平行，作用力也不随之而改变。利用杠杆式力标准机加载和保载的方式可以解决铜柱加载的基本过程控制要求。

2.　加载系统组成与结构

图 3.60 为变比杠杆式加载装置结构原理。整体上分为四大部分，即机架部分、两个杠杆系统和电控系统。

移动砝码 14 在杠杆体 9 上可沿长度方向做直线运动，并由丝杠 12 带动。丝杠 12 由伺服电机 17 驱动，并由伺服电机自带的编码器检测移动砝码在横梁上的位移。杠杆体 9 上安装刀口支承 10 和 11（等效于图 3.54 中的铰链 A 和 C），在杠杆体 9 的端部安装一个差动变压器 8。另一套杠杆系统中有刀口支承 4 和刀口支承 5（等效于图 3.54 中的铰链 B 和 D），并固定一配重 3。上下两个杠杆系统通过框架 7 经刀口支承 5 和 11 连接。全部刀口支承的刀刃应平行，刀口支承 5 和 11 刀刃在同一平面内。

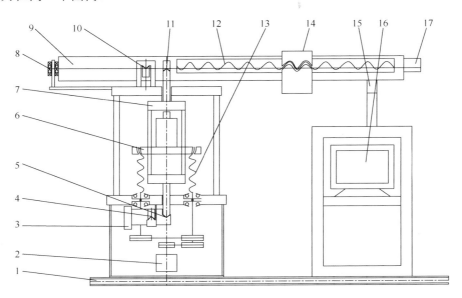

图 3.60 变比杠杆式加载装置结构原理

1-底座；2-伺服电机 1；3-配重；4-刀口支承 1；5-刀口支承 2；6-动横梁；7-框架；8-差动变压器；9-杠杆体；
10-刀口支承 3；11-刀口支承 4；12-丝杠 1；13-丝杠 2；14-移动砝码；15-支架；16-电控系统；17-伺服电机 2

　　工作时，首先调整移动砝码 14 的初始位置使杠杆处于平衡状态，平衡状态由差动变压器 8 检测。然后控制系统控制移动砝码 14 移动至对试件加载荷的要求位置，接下来使动横梁 6 移动对试件施加作用力，直至检测装置检测到杠杆处于平衡位置，加载荷完毕。控制动横梁 6 的移动速度即控制了加载速度。

　　3. 主要技术指标

　　（1）规格：50kN。有效力值范围：0.3～50kN。

　　（2）最大杠杆比 21。

　　（3）砝码重力：本体砝码 1.1kN，挂码 1.4kN。

　　（4）力值分辨率 0.03N。

　　（5）砝码最大移动速度 3000mm/min。位移分辨率：0.7μm。

　　（6）工作空间：220mm（高）×200mm（宽）。

　　（7）力值准确度（误差）＜0.05%。

　　（8）力值施加和稳定时间：每级可以不大于 20s，蠕变试验加荷时间不大于 15s。

（9）工作过程自动化，包括自动施加载荷，自动控制和稳定值的大小，自动采集和处理数据，并打印输出。除自动工作方式外，还可以用手动和半自动方式工作。

（10）可以实现检测项目：负荷传感器及其他测力仪的负荷特性、温度特性；满足用户对检测项目、数据处理方法等的特殊要求。提供计算、处理的软件一套，用于对传感器的实验数据进行处理，并能通过打印机输出检测报告。

（11）操作方式：在 Windows 系统下，采用人机对话方式，全部试验工作过程均在微机提示下完成，设备的工作状态用动画显示，实验数据、试验条件均实时显示。并可以网络传输数据。实验数据的处理格式按照 R60 建议的标准执行。

（12）设备运行状态实时监测，自动诊断故障。

（13）设备总功率：5kW。

4. 设备使用条件

（1）环境温度：5～38℃。

（2）相对湿度≤85%。

（3）大气压力：80～106kPa。

（4）周围不应有高浓度粉尘及腐蚀性气体存在，不能在易燃易爆的气氛中使用和贮存，应有良好的通风条件。

（5）设备安装现场应有良好的通风条件，便于设备热量的散出。

（6）电源电压：AC 220(1±5%)V，频率：50(1±2%)Hz。

（7）接地电阻≤10Ω。

（8）其他技术要求及对系统的检验方法符合《力标准机检定规程》（JJG 734—2001）中相关要求。

5. 设备的安装调试与使用维护技术条件

（1）设备用地脚螺钉固定在牢固的基础上。基础应为混凝土钢筋结构，尺寸不小于 1m×2.5m，厚度不小于 300mm。长时间使用时基础不应下沉、倾斜。

（2）安装时，保证首先使底面处于水平状态，然后调整底座上平面处于水平状态。最后调整使杠杆横梁处于水平状态。水平度检查方法：精度 0.02mm/m 的水平仪，不得大于一格。水平调整可通过机器底部的六个调整螺钉调整。

（3）设备非工作状态时，允许杠杆处于非水平状态，使杠杆体右端与电控系统顶部接触，保证杠杆稳定。长时间放置不用时，砝码位置应处于电控系统顶部。杠杆体右端与电控系统顶部接触部位偏离平衡位置不大于 2mm。

（4）设备工作时，砝码移动施加作用力，杠杆保持水平状态。水平状态的检测通过安装在杠杆左端部的差动变压器实现。水平状态的控制通过电动机控制动横梁的位置完成。注意：设备加载部分杠杆偏离水平状态任何情况下不得大于0.5mm。

（5）设备工作以 15kN 加载能力分界，15kN 以下由本体砝码加载；15kN 以上需由本体砝码和挂码同时加载。挂码在不起作用时固定在左端，与杠杆横梁紧固。使用挂码加载时需将它与设备上的游码本体连接并通过螺钉固定。注意：必须将螺钉紧固牢靠。

（6）砝码移动导轨和滚珠丝杠是机器的经常运动部位，需要添加润滑剂。丝杠润滑剂采用锂基润滑脂，每两个月施加一次。施加方法是将滚珠丝杠上的螺旋防护罩压下，将润滑脂涂在丝杠表面上。导轨润滑剂建议采用 60 号汽车齿轮油，将其滴在导轨上表面，建议每半月润滑一次。当基本只做快速加载实验时，导轨可每年润滑一次。

6. 应用试验

在如图 3.61 所示的 50kN 规格的塑性测压加载装置上进行试验，检验力值重复性和试件加压后的平行度。这实质上就是一台变比双杠杆式力标准机，其组成和加载工作原理完全相同。不同的是，试件是被测铜柱，因而对加载过程和数据处理要求不同。实验数据如表 3.9、表 3.10 所示。

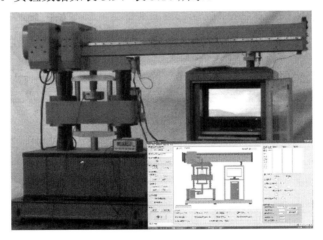

图 3.61 50kN 塑性测压加载装置

表 3.9 试件平行度检测结果

试件规格/mm	额定载荷/kN	加载时间/s	停留时间/s	平行度偏差/μm	备注
$\phi 6 \times 8$	20	10	10	3	平行度系用千分表在水平工作台上测量所得
$\phi 8 \times 10$	40	10	10	4	

表 3.10　加载装置力值重复性试验试件平行度检测结果

过程	第一次/(mV/V)	第二次/(mV/V)	第三次/(mV/V)	平均值/(mV/V)	理论值/(mV/V)
加载值为 0kg 时进程	0	0	0	0	0
加载值为 0kg 时回程	0.00002	0.00001	0.00003	0.00002	0
加载值为 1000kg 时进程	0.55948	0.55952	0.55953	0.55951	0.55844
加载值为 1000kg 时回程	0.5616	0.56157	0.56155	0.56157	0.55844
加载值为 2000kg 时进程	1.11796	1.11794	1.118	1.11797	1.11675
加载值为 2000kg 时回程	1.12187	1.12187	1.12186	1.12187	1.11675
加载值为 3000kg 时进程	1.67615	1.67616	1.67618	1.67616	1.67524
加载值为 3000kg 时回程	1.68086	1.68087	1.68086	1.68086	1.67524
加载值为 4000kg 时进程	2.2343	2.23427	2.23431	2.23429	2.23361
加载值为 4000kg 时回程	2.23745	2.23745	2.23748	2.23746	2.23361
加载值为 5000kg 时进程	2.79201	2.79205	2.79204	2.79204	2.79203

实验结果表明，试件受压后的平行度误差在微米级水平，力值重复性相对误差不大于 0.01%。

7. 塑性测压试件校准加载技术结论

（1）基于双杠杆原理的变比杠杆式加载技术，在不更换砝码的情况下，通过改变砝码在杠杆上的位置，实现对铜柱试件施加所需要的载荷，在技术上是可行的和有效的。载荷的大小、精度和加载速度均取决于对游码的位移控制。

（2）变比杠杆式加载技术用于铜柱试件加载试验，无理论上的几何误差和力值误差。实际误差主要来源是由于刀口支承存在摩擦所带来的，可通过提高刀口支承的质量予以减小以致消除。其他误差可以通过结构合理设计和增大结构刚度、提高位移控制精度等措施控制达到很小的程度。对于已知规律的误差可以通过改变移动砝码位移量来进行补偿，通过精确控制位移实现高精度。这也是变比杠杆式力标准机独特的优点，是传统的杠杆式力标准机无法实现的。

（3）变比杠杆式加载技术，省去传统装置的砝码及其复杂的加卸系统，使机器结构大大简化。

（4）可通过移动砝码位置的精确控制自动调整杠杆平衡位置，使杠杆平衡调整结构简化，方法简便。

小结：杠杆式力标准机除通常用作一般的力值传递作用以外，它的拓展应用场合十分广泛。这里介绍的双向加载、微小载荷实现和塑性测压加载是精密加载的典型应用实例。双向加载解决了测力仪拉压双向连续精密加载的问题，微小加载装置可以实现毫牛及以下载荷的施加，塑性测压则是膛压测试中重要的工具。

3.5 扭矩标准机

扭矩的数学定义是作用力与力臂的乘积，因此从理论上来说，关于精密力值的产生办法都适用于精密扭矩，唯一的差别是扭矩的施加和计量均需要增加计量臂长度这个因素。正是由于这个原因，扭矩标准机（简称扭矩机）与杠杆式力标准机具有无法割舍的联系，它是一类特别的杠杆式加载装置，本书将这部分内容合并在杠杆式力标准机的系统里面进行叙述。作者对其进行了多年的研究，着眼于提高效率、降低成本和提高可靠性。

根据施加力值的来源不同，传统的扭矩机可分为两类，即静重式和比对式。它们具有相当成熟的结构形式和技术方法，静重式以高精度见长，比对式主要针对大扭矩的计量而建立。在发展中的扭矩机技术中，众多的文献和研究成果[24-31]大都聚焦于三个方面：一是扭矩的精度；二是扭矩的计量范围；三是现场工作计量的简便性。

静重式标准扭矩机是产生静态标准扭矩的装置，采用杠杆力臂砝码式的加载原理，即在恒定臂长的杠杆上，加上砝码，产生扭矩[32]。该扭矩值通过联轴节传递到被检传感器轴上，由扭矩测量仪读出被测扭矩值。图 3.62 为静重式扭矩机工作原理，设备主要由杠杆和两套专用砝码组成，通过施加不同质量大小的砝码能产生大小不同的扭矩值，通过砝码组合可以达到施加规定扭矩值的目的。该扭矩为标准静态扭矩，扭矩传感器承受的扭矩也为纯静扭矩。

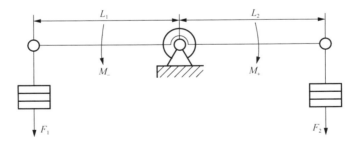

图 3.62　静重式扭矩机工作原理图

如图 3.62 所示，设杠杆的臂长分别为 L_1、L_2，两套砝码的重力分别为 F_1、F_2，则根据静力平衡原理有正反两个方向的扭矩分别为

$$
\begin{aligned}
M_+ &= L_2 F_2 \\
M_- &= L_1 F_1
\end{aligned}
\tag{3.60}
$$

作用在传感器上的扭矩为

$$M = M_+ - M_- \tag{3.61}$$

一般情况下，杠杆臂长 L_1、L_2 固定，通过改变力值大小（即加减专用力值砝码）来获得各种扭矩值，使扭矩传感器承受不同力值的扭矩。按照上述原理制作的扭矩机如图 3.63 所示。

图 3.63　静重式扭矩机

3.5.1　误差与不确定度分析

将静重式扭矩机简化为如图 3.64 所示的计算简图模型[6]，设重力砝码质量 m，力臂是刚性的，力矩 M 的作用中心 O，力臂的偏转角度 θ，于是

$$M = L \times F \tag{3.62}$$

式中，M、L、F 分别是扭矩矢量、力臂矢量和力矢量。扭矩矢量的模为

$$|M| = mg(1 - \rho_0/\rho)L\sin\alpha \tag{3.63}$$

式中，$\alpha = 90° - \theta$，根据式（3.60），构成力矩 M 的各个物理量和几何量都可能是力矩的误差来源，由 M 的不确定度计算可得

$$
\begin{aligned}
u_M^2 &= (\partial M/\partial F)^2 u_F^2 + (\partial M/\partial L)^2 u_L^2 + (\partial M/\partial \alpha)^2 u_\alpha^2 \\
&= L^2 \sin^2\alpha \cdot u_F^2 + F^2 \sin^2\alpha \cdot u_L^2 + F^2 L^2 \cos^2\alpha \cdot u_\alpha^2
\end{aligned} \tag{3.64}
$$

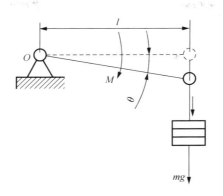

图 3.64 静重式扭矩机计算简图模型

其相对不确定度

$$w_M^2 = u_M^2 / M^2$$
$$w_M = \sqrt{w_F^2 + w_L^2 + \csc^2 \alpha \cdot u_\alpha^2}$$

其中，w_F 和 w_L 分别是力值和力臂的相对不确定度。由于 $\alpha = 90° + \theta$，θ 很小时有

$$w_M = \sqrt{w_F^2 + w_L^2 + w_\theta^2}, \quad w_\theta^2 = \theta^2 u_\theta^2 \tag{3.65}$$

式（3.60）和上述分析没有考虑力臂支承的摩擦对扭矩的影响，支承摩擦力矩设为 M_f，用 B 类方法评估不确定度：

$$w_{fM} = M_f / (M / \sqrt{3}) \tag{3.66}$$

于是

$$w_M = \sqrt{w_F^2 + w_L^2 + w_\theta^2 + w_{fM}^2} \tag{3.67}$$

静重式扭矩机，除与静重式力标准机相同的物理因素以外，它增加了力臂、支承摩擦和平衡因素，这三项类似于杠杆式力标准机。

3.5.2 静重式扭矩机的几项技术革新分析

1. 关于砝码的加卸

根据上述关于静重式扭矩机的原理、结构和应用，本质上可以将它视为两台静重式力标准机的组合应用，因此关于静重式力标准机的新技术方法都应该可以应用在其中。第 2 章专门论述了静重式力标准机的砝码加卸、防摆、减振等问题和事项的处理、解决措施，简单来说，这些技术方法都可以完全应用到扭矩机中来，进而获得相似的有益效果。

2. 铰链支承

静重式扭矩机可以视为一种特殊的杠杆式力标准机，因为有一个杠杆，也需要支承，因此支承是静重式扭矩机的一个关键技术问题，对于扭矩精度的影响不可忽视。与杠杆式力标准机一样，刀口支承是一个优先选择，当然其必然存在的摩擦扭矩限制了精度的提高，也影响着工作寿命。在国家基准机上[24]采用了气浮支承技术，同时也采用了钢带作为砝码与杠杆臂端的铰支，达到了最大限度减少摩擦扭矩影响的目标。钢带起到减小摩擦扭矩的目的，可见弹性铰支对于扭矩机来说是可行和有效的。

从结构方法上，可以实现铰链的受力状态全部为承受拉向力状态，弹性铰支扭矩机原理图如图 3.65 所示。产生的扭矩为

$$M = m_1 g \cdot L_1 - m_2 g \cdot L_2 \tag{3.68}$$

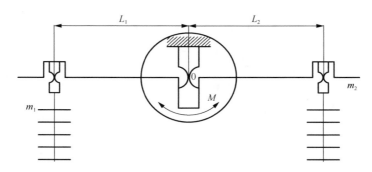

图 3.65　弹性铰支扭矩机原理图

3. 误差分析

考虑弹性铰支引起的误差 δ_T，将其代入不确定度计算式（3.65），以 δ_T 代替 M_f，可计算不确定度。

关于误差 δ_T，可根据误差分配确定。假设弹性铰支对总误差 δ 的贡献率为 $x\%$，则有

$$\delta_T = x\% \cdot \delta \cdot M_0 \tag{3.69}$$

式中，M_0 为计算点的额定扭矩。

3.5.3　变比长静重式扭矩机

1. 工作原理

静重式扭矩机的力臂通常是固定长度的，类似于定比杠杆式力标准机。考虑如 3.2 节所述，通过改变力臂长度来实现改变扭矩的目的。

将图 3.65 中两侧的砝码 m_2 取消，m_1 变成可以沿着扭臂做直线运动的游动砝码，其位移量严格可测可控，行程 L_1+L_2，则仍然可实现扭矩加载，扭矩符合下式：

$$T = m_1 g \cdot (L_1 + L_2) = m_1 g \cdot L \tag{3.70}$$

假设砝码的质量是固定不变的，改变砝码在扭臂上的位置 L_1、L_2，则扭矩自然改变，且扭矩方向可以是双向的。

2. 误差分析

不考虑质量因素，可能产生的扭矩绝对误差：

$$\Delta T = m_1 g \cdot |\Delta L| + |\delta_T| \tag{3.71}$$

相对误差

$$\delta = \frac{\Delta T}{T} = \frac{m_1 g \cdot |\Delta L| + |\delta_T|}{m_1 g \cdot (L_1 + L_2)} m_1 g \cdot (L_1 + L_2) \tag{3.72}$$

考虑单向加载的一种情况，设 $L_2 = L_{2\max} = \mathrm{Con}$（常数），则

$$\delta \approx \frac{|\Delta L_1| + |\delta_T| mg}{L_1 - L_2} \tag{3.73}$$

取计算点为额定载荷的 1%，则

$$\delta \approx \frac{|\Delta L_1| + |\delta_T| mg}{0.01 L_2} \tag{3.74}$$

假设弹性铰支和位移误差的比例为 0.0001∶0.9999，则有

$$\Delta L_1 \leqslant 0.009999 L_{2\max} \cdot \delta$$

$$\delta_T \leqslant 0.000001 L_{2\max} \cdot \delta \cdot mg$$

3. 结构设计

根据图 3.65 的原理设计的 50kN 变比静重式扭矩机结构如图 3.66 所示，这里主要表示了杠杆、扭矩输入机构、砝码和弹性铰支的结构。

砝码：与变比杠杆式力标准机一样，砝码可以沿着杠杆体做直线运动，由直线导轨导向，伺服电机和高精度丝杠螺母副驱动。

支承：采用双弹性铰支（铰支的结构如图 3.11），承受拉向力结构形式。圆柱形主体上下两端通过胀套分别与支座和杠杆体固接，工作状态铰支圆柱体的中心线与杠杠体上的导轨保持垂直。两个铰支的理论回转中心线为同一条直线，且与圆柱体中心线垂直。

扭矩输入机构：扭矩输入机构经过被检扭矩仪将扭矩传递至杠杆体上。为了使得砝码顺利越过杠杆体中心位置，采用 U 形板结构。U 形板左端与被检扭矩仪连接，右端与杠杆体固结。扭矩输入机构的扭矩中心线与两个铰支的回转中心线重合。

小结：本节提出和论述了弹性铰支静重式扭矩机和变臂长静重式扭矩机的概念、技术方案。基于高精度、高效率、高可靠性、工作免维护、"傻瓜式"操作的理念，具有实用性推广意义。

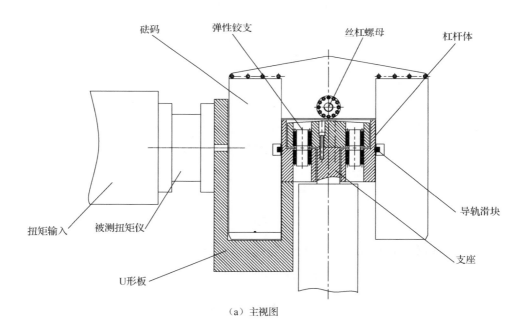

（a）主视图

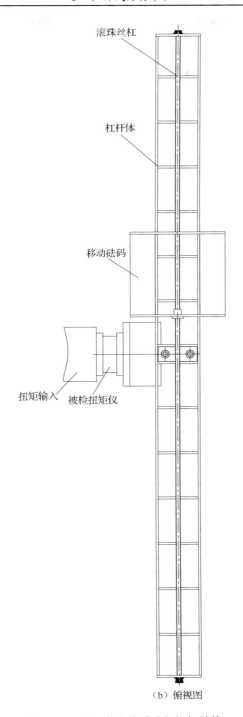

滚珠丝杠

杠杆体

移动砝码

扭矩输入　被检扭矩仪

（b）俯视图

图 3.66　50kN 变比静重式扭矩机结构

参 考 文 献

[1] Vlajic N A, Chijioke A D, Seifarth R L. Stress analysis of conical contact joints in the NIST 4. 45MN deadweight[J]. National Institute of Standards and Technology, 2016(121): 222-237.

[2] 高文穗. 国防系统大力值计量最高基准 1.1MN 静重式力标准机建成[J]. 宇航计测技术, 1996(6): 64.

[3] Weiler W, Sawla A. Force standard machines of the national institutes for metrology[J]. Nasa Sti/recon Technical Report N, 1984: 85.

[4] 蔡正平. 力值与硬度计量手册[M]. 北京: 科学出版社, 1980.

[5] 李庆忠. 负荷传感器检定测试技术[M]. 北京: 中国计量出版社, 1990.

[6] 李庆忠, 李宇红. 力值、扭矩和硬度测量不确定度评定导则[M]. 北京: 中国计量出版社, 2003.

[7] 邹慧君. 精密机械设计[M]. 天津: 天津大学出版社, 1980.

[8] 裴玉吉. 天平[M]. 北京: 中国计量出版社, 1993.

[9] 王鹏. 变臂比杠杆式精密力源技术的研究[D]. 长春: 吉林大学, 2009.

[10] Haucke G, Schwind D, Kumme R. Investigation of force transducers with different loading procedures on jockey-weight and deadweight machines[C]. XVIII IMEKO WORLD CONGRESS Metrology for à Sustainable Development, Rio de Janeiro, Brazil, 2006(9): 17-22.

[11] 王新荣. ANSYS 有限元基础教程[M]. 北京: 电子工业出版社, 2015.

[12] 中国钢铁工业协会. 弹簧钢: GB/T 1222—2016[S]. 北京: 中国标准出版社, 2017.

[13] 邬显义. 试验机的负荷与位移测量系统[M]. 北京: 机械工业出版社, 1985.

[14] 张学成, 王燕, 张玉梅. 杠杆式加载机零点平衡装置: CN201220315785.8[P]. 2013-03-27.

[15] 张学成, 李春光, 于立娟. 全自动游码式力校准机: CN200810051208.0[P]. 2009-12-26.

[16] 张学成, 韩春学, 于立娟. 独立加卸砝码静重式标准力源装置: CN200810051182.X[P]. 2010-08-04.

[17] 张学成, 王鹏. 变臂比杠杆式精密力源技术问题研究[J]. 计量学报, 2009, 30(1): 49-52.

[18] 清华大学工程力学系. 机械振动. 上册[M]. 北京: 机械工业出版社, 1980.

[19] Hution D V. 应用机械振动学[M]. 桑杰礼布, 姜衍礼, 译. 北京: 机械工业出版社, 1985.

[20] 张学成, 唐纯谦. 双杠杆式标准力源技术方法研究[J]. 计量学报, 2016, 37(2): 155-158.

[21] 赵恒喜. 双杠杆式标准力源技术研究[D]. 长春: 吉林大学, 2011.

[22] 孔德仁. 塑性测压器材准动态校准技术及实验研究[D]. 南京: 南京理工大学, 2003.

[23] 田贵义, 李佩华. 铜柱测定膛压装置动态误差分析[J]. 测试技术学报, 2004, 18(z4): 121-124.

[24] 张智敏, 李涛, 张跃, 等. 1mN·m ~1N·m 扭矩标准装置力臂系统[J]. 计量学报, 2016, 37(2): 151-154.

[25] 孟峰, 张智敏, 张跃, 等. 30kN·m 多功能扭矩标准机[J]. 计量学报, 2013, 34(4): 311-314.

[26] 倪守忠, 蒋晓波, 尚贤平, 等. 超大扭矩标准装置及其力偶控制技术研究[J]. 衡器, 2015, 44(12): 14-17.

[27] 倪守忠, 蒋晓波. 摩擦力矩对扭矩标准机测量精度的影响[J]. 衡器, 2014(12): 30-32.

[28] Nishino A, Ueda K, Fujii K. Design of a new torque standard machine based on a torque generation method using electromagnetic force[J]. Measurement Science & Technology, 2017, 28(2): 025005.

[29] Leonov G I, Loshakov N V. Second-order standard force-measuring machine having a double-acting lever[J]. Measurement Techniques, 1971, 14(3): 507-508.

[30] Zheng J X, Dong C H. Automaic control system of lever force standard machine[J]. Aviation Metrology & Measurement Technology, 2001, 21(6): 38-41.

[31] Wu F, Zhong K M, Ma Y P. A Two-position press machine based on linear motor and lever-double rollers force-amplifier[J]. Applied Mechanics & Materials, 2013, 281: 272-275.

[32] 戴莲瑾. 力学计量技术[M]. 北京: 中国计量出版社, 1992.

4 液压式力标准机

液压式力标准机是运用液压放大原理将砝码重力放大而产生力值的标准力源装置。由于液压技术具有载荷能力大、放大倍数大的优点，所以液压式力标准机在输出高精度大载荷方面具有独特的优势，液压放大倍数在力标准机上的应用可达 500 倍。液压式力标准机的最大技术难题是油缸运动的摩擦对输出力的影响，除此以外，既然液压式力标准机是对重力的放大，那么它同时具有静重式力标准与液压放大装置的技术难题。上述关于重力砝码的技术方法和控制思想也完全适用于液压式力标准机。

4.1 液压式力标准机技术方案

关于液压式力标准机，一般理解上的技术复杂性，导致造价和操作使用上的难解问题，所以这类力标准机目前就保有量和生产量来说，较之其他种类的力标准机少得多。本章着重介绍基于作者所提出的思路基础上的液压式力标准机的技术方案。

4.1.1 液压式力标准机的工作原理

液压式力标准机的工作原理根本上是帕斯卡原理[1]的典型应用形式。液压式力标准机是指以砝码的重力作为标准负荷，经过一定的两组油缸活塞的组合油路系统放大后，按照一定顺序加到被检测力仪（例如测力传感器）上的力标准机。基本工作原理如图 4.1 所示[2-3]。砝码 5 和比例活塞 6 等的重力作用在连通器部件上，连通器由比例油缸 7、加荷油缸 1 及油管 9 构成，连通器内的液体产生压力 p，使加荷活塞产生向上的作用力 pA_1，此力作用到测力仪 4 上。

当油缸泄漏量很小时，则有

$$pA_1 = (P_2 + W_0)\frac{A_1}{A_2} + H\rho gS_1 - W_1 - W_2 - F_1 - F_2 \qquad (4.1)$$

式中，P_2 为砝码的向下作用力；W_0 为比例活塞等的重力；A_1 为加荷活塞的有效面积；A_2 为比例活塞的有效面积；H 为连通器液面高度差；S_1 为连通器管道截面积；W_1 为加荷活塞的重力；W_2 为被检测力仪的重力；F_1、F_2 分别为比例活塞和加荷活塞的摩擦力。

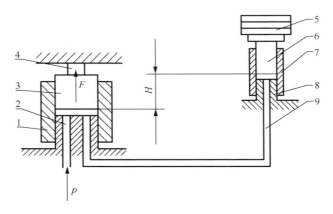

图 4.1　液压式力标准机基本工作原理

1-加荷油缸；2-加荷定塞；3-加荷活塞；4-测力仪；5-砝码；6-比例活塞；7-比例油缸；8-比例定塞；9-油管

在摩擦力可以忽略时，式（4.1）变为

$$p_1 A_1 = (P_2 + W_0)\frac{A_1}{A_2} + H\rho g S_1 - W_1 - W_2 \tag{4.2}$$

液压式力标准机工作原理简单、放大比较大，适合于施加大载荷的场合。目前国内外 1MN 以上的力基准机基本上都是液压式的。图 4.2、图 4.3 分别为 PTB16.5MN 液压式力标准机和中国计量科学研究院 20MN 中国国家力基准机（准确度等级 0.01 级）。

图 4.2　PTB16.5MN 液压式力标准机

图 4.3　中国计量科学研究院 20MN 中国国家力基准机

4.1.2 液压式力标准机的误差来源与不确定度分析

根据式（4.1），构成作用于测力仪上的作用力 F 由多个物理量和几何尺寸同时起作用，它们都是 F 产生误差的原因。设计使

$$F_a = W_0 \frac{A_1}{A_2} + H\rho g S_1 - W_1 - W_2 \qquad (4.3)$$

式中，F_a 为初级载荷，必要时可以使 $F_a=0$。

设 $i=A_1/A_2$，则有

$$F = i \cdot mg(1 - \rho_0/\rho) + F_a \qquad (4.4)$$

把初级载荷和后续砝码作用产生的载荷分开考虑，初级载荷产生的相对不确定度 w_1，另一项力值相对不确定度 w_{cbhm}，类似于杠杆式力标准机有

$$w_{cbhm} = \sqrt{w_{c_0}^2 + (u_i/i)^2} \qquad (4.5)$$

于是 F 的合成标准不确定度

$$u_f = \sqrt{u_{f_a}^2 + u_{f_b}^2} \qquad (4.6)$$

相对合成标准不确定度

$$w_f = \frac{u_f}{F} \qquad (4.7)$$

$$u_{f_b} = \sqrt{w_{c_0}^2 + (u_i/i)^2} \cdot F_b = \sqrt{w_{c_0}^2 + (u_i/i)^2} \cdot i \cdot mg(1 - \rho_0/\rho) \qquad (4.8)$$

关于传递比 i 的不确定度用 B 类方法评定：

$$u_i/i = \delta_i / \sqrt{3} \qquad (4.9)$$

式中，δ_i 为传递比的相对极限误差。

关于液压式力标准机的不确定度，由于摩擦力无法计量，因此一般都忽略，但摩擦力是液压式力标准机误差因素中最重要的一项。因此，除非是用作基准，否则液压式力标准机的不确定度利用 A 类方法评定更为简便有效。在上述的评定方法中，假如有足够可信的测量装置直接测量力值量，利用极差法进行不确定度评定，单次测量的标准不确定度

$$s(x_i) = \frac{1}{d_n}(x_{max} - x_{min}) \qquad (4.10)$$

式中，d_n 为极差系数，其值的大小与测量次数 n 有关，如表 4.1 所示。

表 4.1　极差系数 d_n 与自由度

n	2	3	4	5	6	7	8	9
d_n	1.13	1.64	2.06	2.33	2.53	2.70	2.85	2.97
v	0.9	1.8	2.7	3.6	4.5	5.3	6.0	6.8

注：v 为自由度，即在方差的计算中，和的项数减去对和的限制数。

4.1.3　液压式力标准机的摩擦形式分析

具有力值大、准确度高典型特点的液压式力标准机是 1990 年服役的中国计量科学研究院的 20MN 国家力基准机[4-5]。在 20 世纪六七十年代，中国还生产了一些 2～5MN 的液压式力标准机[6-8]。不过液压式力标准机的复杂程度，以及它昂贵的造价往往使人望而却步。也因为此，目前液压式力标准机的发展远不如其他种类力标准机。

如前所述，液压式力标准机的关键技术问题是减小或者消除油缸的摩擦力。根据帕斯卡原理工作的液压式力标准机的误差产生原因包括油缸摩擦力、面积比等。由于面积比造成的误差可通过提高加工精度和调整砝码质量来解决，一般机械加工可以满足要求。最为困难的核心技术问题是减小柱塞与缸筒之间的摩擦力。这是造成液压式力标准机结构复杂、造价高的主要原因。

为了减小柱塞与缸筒之间的摩擦力，迄今为止工程师都是在传统油缸上围绕如何减小两个运动件的滑动接触摩擦开展研究工作的。现有的方法也是采用间隙密封，即柱塞与缸筒之间不加任何密封件，而是依靠二者之间的微小间隙产生的液体流动阻力形成压差进行密封的。间隙密封的方式有常规间隙密封、缸筒与柱塞相对运动产生动压油膜的密封、静压支承等。为保证满足帕斯卡原理，泄漏的油液流量应尽量小；为形成工作压力，泄漏的油液流量通常通过液压伺服系统进行补偿，图 4.4 为目前液压式力标准机三种活塞减摩、补油方法。

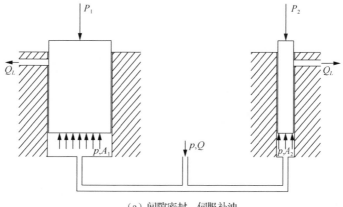

（a）间隙密封，伺服补油

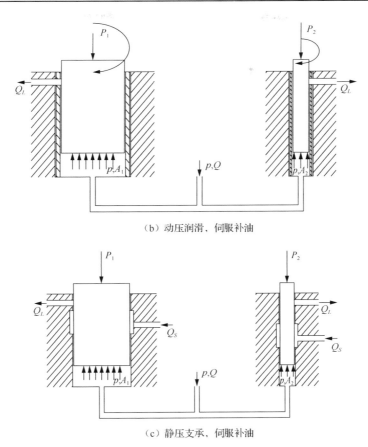

（b）动压润滑，伺服补油

（c）静压支承，伺服补油

图 4.4 目前液压式力标准机三种活塞减摩、补油方法

P_1、P_2-大小活塞上作用的负荷；p-液体静压力；A_1、A_2-大小油缸活塞面积；
Q-进油口输入流量；Q_S-油缸补油的流量；Q_L-泄漏的油液流量

纯间隙密封的情况如图 4.4（a）所示，活塞或者柱塞与刚体内壁存在静摩擦，摩擦系数 f=0.2～0.3，摩擦力及其变化较大，造成施力误差较大，不宜于在力标准机上采用，通常用于液压万能试验机；动压密封方式如图 4.4（b）所示，可以消除静摩擦，动摩擦系数 f=0.1～0.2。但是由于在产生动压的过程中，由于摩擦力的瞬时变化而引起施力误差，同时结构复杂，工艺困难，使用维护较难，造价较高；目前常见的液压式力标准机都是采用上述两种密封方式；静压支承润滑方式如图 4.4（c）所示，可以消除静摩擦，理论上是纯液体摩擦，以致摩擦力可以忽略。尽管静压式密封方式具有摩擦小的优点，但是产生静压过程的控制技术非常复杂，同时静压支承油膜的形成是依靠压力反馈工作的，压力变化必然造成对柱塞作用力的瞬时变化，引起施力误差，且结构复杂，工艺十分困难，使用维护十分不便，造价昂贵，所以目前静压支承润滑的方式应用较少。

除了目前采用的静压方式以外，柱塞与缸筒必然接触，存在滑动摩擦。即使是形成良好的动压油膜，根据资料显示，一般摩擦系数为 0.1，最好的情况下最小摩擦系数不会小于 0.03。同时为了使柱塞与缸筒之间形成动压油膜，需要采取许多措施，使结构复杂，造价昂贵。静压支承首先结构过于复杂，以至于造价过高，其次静压油膜形成过程是个动态过程，对施加力值的影响未可知。

小结：液压式力标准机是基于帕斯卡原理，将砝码的重力放大以后输出作用力的。借助液压传动输出作用力大的特点，基于这种原理的力标准机特别适合于高精度大载荷的专用设备。减小力值误差的核心因素是液压油缸的摩擦力。目前已有的技术措施包括间隙密封动压润滑和间隙密封静压润滑两类。受技术水平和使用效果限制，目前应用较少。

4.2　滚动摩擦油缸液压式力标准机

如传统液压油缸的摩擦形式都是滑动摩擦，因为有液压油的存在，无须另加润滑剂。后来出现了静压油缸，将活塞与缸筒之间的间隙充满压力油，从而大大减小摩擦力。这里间隙内的液压油需要精确而复杂的控制，造成系统整体结构与控制复杂程度升高，随之经济成本也攀升了。为此，作者尝试利用滚动摩擦替代上述两种摩擦形式的液压油缸形式。

如果将柱塞与缸筒之间的接触改成如图 4.5 所示的滚动摩擦，则可以大大减小摩擦系数，例如金属切削机床使用的滚动直线导轨的摩擦系数为 0.002～0.0035。同时油缸可以考虑不按照通常的油缸方式制造，避免复杂而昂贵的油缸制造过程。

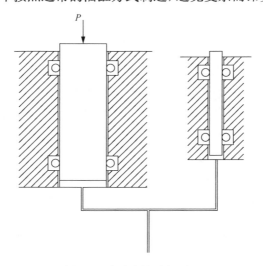

图 4.5　滚动摩擦油缸原理

滚动摩擦接触可以借用精密机床滚动导轨的思路，即滚动体接触、微小间隙密封。滚动支承具有摩擦引起的误差小、结构简单、显著降低造价的特点。

　　静力分析结果表明，由于滚动摩擦引起的力值误差大约在 0.005%。优于传统的动压润滑的油缸摩擦引起的约 0.1% 的力值误差。对于静压支承，如果不考虑静压油膜的动态过程，油缸摩擦引起的力值误差可忽略。滚动摩擦油缸有可能制作出误差在 0.01% 级的液压式力标准机。

4.2.1 滚动摩擦液压油缸结构实现

　　以液压式力标准机的两个工作油缸及其构成的系统为例。活塞与缸筒之间的摩擦为滚动摩擦的液压式力标准机，其关键问题之一是这种做直线运动的滚动摩擦油缸的结构实现。

1. 主油缸

　　做直线运动的滚动摩擦油缸的结构组成如图 4.6 所示。N 个内径相同的短圆筒形缸筒 6，以圆心和端面定位，叠置构成一个长圆筒形实体，是滚动摩擦油缸的缸筒。两个短圆筒形构件的端面通过螺钉 4 对接在一起，短圆筒形缸筒端面之间加装密封圈 5。圆柱形柱塞 7 装入长圆筒形缸筒的内孔中，缸筒和柱塞构成液压缸的主体。在液压缸的主体两端部位分别安装直线运动滚动摩擦副 10（图中为直线导轨）部件。其中滚动摩擦副 10（图中为滚动导轨的滑块）用螺钉固定连接件 11 上，再通过连接件 9 用螺钉 8 与端部固接。滚动摩擦副 10 的静件（图中为滚动导轨）通过连接件 11 用螺钉与缸筒固接。直线运动滚动摩擦副部件的装配，须保证柱塞与缸筒之间周边留有间隙 δ。然后在油缸主体的一端加装缸盖 3，使其与缸筒通过螺钉 1 固接，除留有进油口 12 外，与外界通过密封圈 2 密封，形成油缸的工作油腔。油缸主体的另一端留有泄油口 13，与油箱连接，从而构成了完整的滚动摩擦柱塞式液压油缸。

　　N 个如图 4.7 所示的内径相同的短圆筒形缸筒 6 叠置构成长圆筒形缸筒，目的是提高制造精度，使制造工艺尽量简单。短圆筒形缸筒的内径可以通过与已经加工好的圆柱形柱塞 7 的外径配磨保证配合间隙 δ，并使 δ 尽可能小。装配时首先将直线运动滚动摩擦副部件连同连接件 9、11 一起装配成组件，然后将圆柱形柱塞 7 与连接件 11 连接，接下来逐次装配短圆筒形缸筒 6，并用塞尺或者其他仪器检查圆柱形柱塞 7 的外圆表面与缸筒的配合间隙。全部短圆筒形缸筒 6 装配完毕后，再装配另一端的直线运动滚动摩擦副部件，直至安装好缸盖。

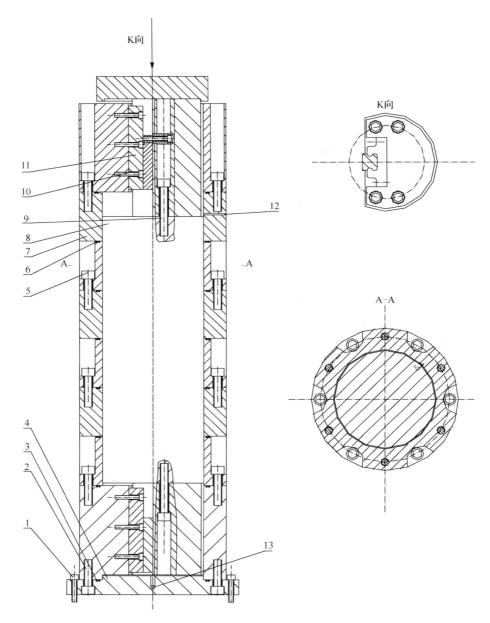

图 4.6　滚动摩擦油缸的结构组成

1-螺钉；2-密封圈；3-缸盖；4-螺钉；5-密封圈；6-短圆筒形缸筒；7-圆柱形柱塞；
8-螺钉；9-连接件；10-滚动摩擦副；11-连接件；12-进油口；13-泄油口

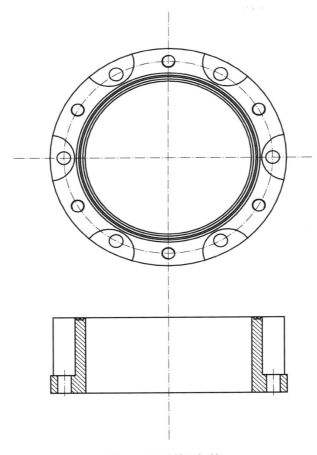

图 4.7 长圆筒形缸筒

2. 小油缸（测力油缸）结构

构成液压式力标准机的另一个油缸，用于向系统传递砝码的重力，传统上称为"测力油缸"，它非常类似于活塞压力计的小油缸[9]。

小油缸依然可以是滚动摩擦式的[9-11]，图 4.8 为小油缸的结构。活塞与活塞筒之间通过滚动体间接接触，因而当油缸工作活塞在竖直方向运动时将产生滚动摩擦，从而相比于滑动摩擦大幅降低了机械摩擦对输出力的影响。

砝码的重力作用在承压头 1 上，作为力源。由于缸体里面的压力比较大，为了防止漏油的发生，在底座中采用 O 形密封圈 6。活塞套筒 4 与缸体之间通过过盈配合，为了防止套筒在高压下的移动，其上端通过支撑隔套 13 固定，下端通过直线轴承作支承。7、8 分别为回油管、进油管的接头。缸体内组件通过缸体顶部的盖板 2 固定。

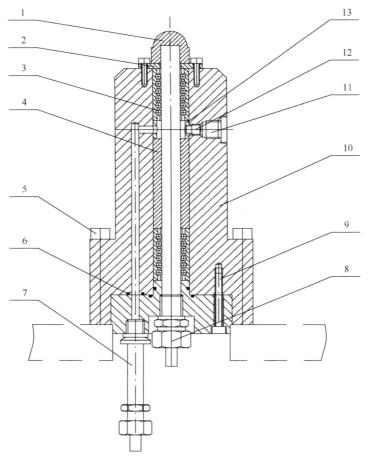

图 4.8 小油缸结构

1-承压头；2-盖板；3-直线运动球轴承；4-活塞套筒；5-螺钉；6-密封圈；7-回油管接头；
8-进油管接头；9-螺钉；10-活塞缸体；11-油塞；12-紧定螺钉；13-支撑隔套

3. 小油缸摩擦力分析

小油缸活塞简化受力模型如图 4.9 所示。砝码对活塞的作用力值设为 G，活塞质量为 m，活塞下端与液压油接触面积为 A，液体压力为 p，则液体对活塞垂直向上的作用力为 pA。工作中由于各种原因引起摩擦力，设活塞上、下端与轴承接触点所受的正压力分别为 N_1、N_2，相应的摩擦力分别为 F_1、F_2。

依据静力学平衡原理，假设活塞杆的几何中心线平行于铅垂线，可得活塞受力平衡方程：

$$pA = G + mg + F_1 + F_2$$
$$N_1 = N_2 = N \tag{4.11}$$

$$F_1 = F_2 = Nf$$

式中，f 为滚动摩擦系数。

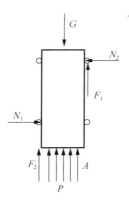

图 4.9 小油缸活塞简化受力模型

4. 小油缸误差分析

因机械摩擦所引起的压力值误差为

$$\Delta p = 2Nf / A \tag{4.12}$$

相对误差为

$$\delta p = \Delta p / p = 2Nf / (G + mg) \tag{4.13}$$

摩擦力是由侧向力引起的，侧向力包括预紧力、砝码重力施加使得重力线与作用力 pA 的轴线不重合引起。假设侧向力占砝码重力的比例为 k，液压放大倍数 i，由此引起的力值误差为

$$\delta p = \Delta p / p = 2Nf / (G + mg) = 2kf \tag{4.14}$$

取 k=0.005，f=0.003，则δp=0.003%。这个分析结果同样适用于大油缸。由此，二者合成，根据最小二乘法，应为δ=0.0042。

4.2.2 滚动摩擦油缸的结构形式——活塞压力计

滚动摩擦油缸的另一种结构实现形式是活塞压力计，如图 4.10 所示。

柱塞 5 的顶端是压头，底端承受液体压力；柱塞两端的侧面沿圆周方向布置 4 个滚动轴承 1，滚动轴承形成的四边形与柱塞的断面外圆相切。轴承通过轴固定在柱塞缸体 2 上；柱塞缸体 2 与柱塞 5 之间构成间隙密封，间隙大小和加工按照配研加工可以达到的最小间隙考虑设计；滚动轴承 1 与柱塞 5 的接触应保证这个间隙。

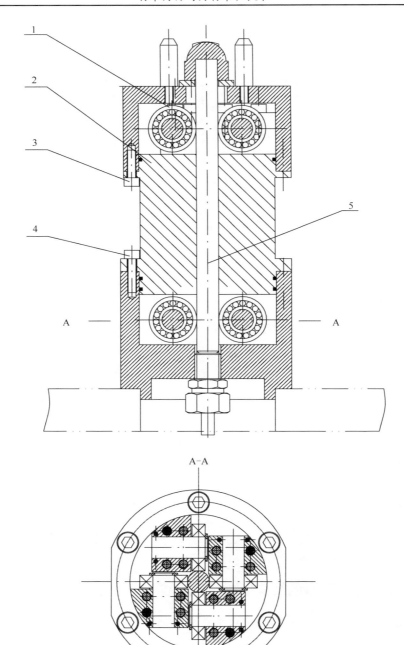

图 4.10   活塞压力计结构

1-滚动轴承；2-柱塞缸体；3-螺钉；4-螺钉；5-柱塞

4.2.3 滚动摩擦油缸液压式力标准机与液压控制系统

以滚动摩擦柱塞式液压缸为核心，根据帕斯卡原理，运用两个滚动摩擦柱塞式液压缸形成一个连通器，构成液压式力标准机的主体，配以机械装置、液压控制系统、电控系统组成完整的液压式力标准机。液压式力标准机组成与液压控制原理如图 4.11 所示，由液压泵、伺服驱动控制系统、液压回路组成。两个差动柱

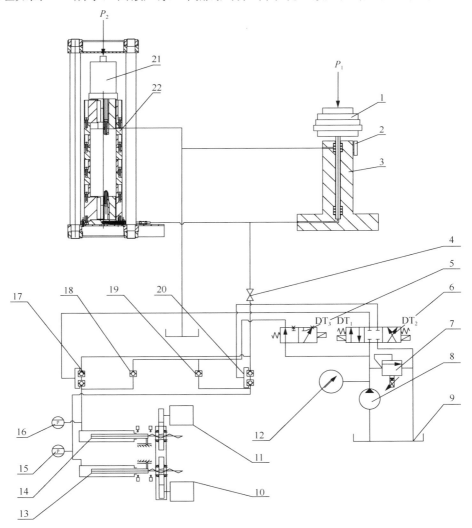

图 4.11　液压式力标准机组成与液压控制原理图

1-专用砝码；2-非接触位移传感器；3-小柱塞缸；4-截止阀；5-两位换向阀；6-三位换向阀；7-比例溢流阀；8-液压泵；9-油箱；10、11-伺服电机；12-压力表；13-差动柱塞缸1；14-差动柱塞缸2；15-压力传感器1；16-压力传感器2；17-液控单向阀组1；18-单向阀1；19-单向阀2；20-液控单向阀组2；21-被检定仪表；22-大柱塞缸

塞缸 13、14 交替做直线运动,给两个摩擦柱塞式液压缸形成的连通器提供压力油,使专用砝码 1 产生的重力 P_1 经小柱塞缸 3 的柱塞,通过油液传递给大柱塞缸 22 的柱塞。由于液压放大(放大倍数 i)作用,油液对大柱塞缸 22 的柱塞的作用力 P_2 是 P_1 的 i 倍。

两个差动柱塞缸 13、14 交替做直线运动分别由伺服电机 10、11 驱动控制。通常当一个柱塞缸给连通器提供压力油时,另一个则给自身补充油液。由辅助液压回路选择控制给连通器提供压力油或者给自身补油。辅助液压回路由液压泵 8,比例溢流阀 7,三位换向阀 6,两位换向阀 5,压力表 12,单向阀 18、19,液控单向阀组 17、20,截止阀 4,压力传感器 15、16,油箱 9 等组成。液控单向阀组 17、20 分别由两个液控单向阀相向连接构成,其控制端并联在一起。

安装好被检定仪表 21,选择并施加专用砝码至小柱塞缸 3 的柱塞上,液压系统油路内均充满工作介质(液压油)的情况下,打开液控单向阀组 17、20,开启伺服电机 10、11 驱动系统,使差动柱塞缸 13、14 的柱塞做直线运动(设差动柱塞缸 14 先向左运动),差动柱塞缸 14 的柱塞压缩工作介质,通过液控单向阀组 17、已经开启了的截止阀 4 给连通器提供压力油。当连通器内建立起压力后,小柱塞缸 3 的柱塞和大柱塞缸 22 的柱塞向上移动,直至小柱塞缸 3 的柱塞向上移动至预设高度位置。同时大柱塞缸 22 的柱塞向上移动使被检定仪表 21 与机架接触,并承受作用力。小柱塞缸 3 的柱塞高度位置由非接触位移传感器 2 检测。

随后,伺服电机驱动系统继续工作,大柱塞缸 22 和小柱塞缸 3 构成的连通器的泄漏 Q_L,维持系统工作压力。

设大柱塞缸 22 的柱塞面积为 A_1,运动速度为 V_1,则有

$$Q_L = A_1 \cdot V_1 \tag{4.15}$$

或者

$$V_1 = Q_L / A_1 \tag{4.16}$$

即选择合适的运动速度 V_1,即可以补偿泄漏 Q_L,保持小柱塞缸 3 的柱塞的预设高度位置不变,维持系统工作压力。

大柱塞缸 22 的柱塞做直线运动,通过液控单向阀组 20 压缩工作介质,液控单向阀组 20 的开启由三位换向阀 6 控制,即三位换向阀 6 的电磁驱动元件 DT_1 工作。

在大柱塞缸 22 的柱塞做直线运动维持系统工作压力的同时,通过两位换向阀 5 经单向阀 18、液压泵 8 可以对小柱塞缸 3 补充工作介质,此时伺服电机驱动系统带动柱塞向右运动,直至行程端点。行程端点由位置开关控制。为了使系统工作稳定,在差动柱塞缸 13 补充工作介质结束后,可以启动伺服电机驱动系统带动柱塞向左运动,对油腔内的补充工作介质进行压力调节,使其压力(设为 p_1)接近于连通器内的压力设为 p,使 p_1 略小于 p。p 和 p_1 分别由两个压力传感器 15、16 检测。

当差动柱塞缸 14 的柱塞运动至有位置开关确定的行程端点时，差动柱塞缸 13 的伺服驱动系统启动，接续差动柱塞缸 14 的柱塞工作，继续维持系统工作压力。此后可以启动柱塞缸 13 的补充工作介质的工作，过程与上述差动柱塞缸 14 的补充工作介质的工作相同。

采用液控单向阀组旨在确保单向阀处于开启状态时无阻力。

为了提高工作效率，系统工作压力建立的初始阶段可以由液压泵 8 直接对连通器供油，此时断开 DT_3 的导电状态，接通 DT_1 或者 DT_2 均可以实现。

1. 柱塞受力分析与滚动直线导轨计算

设柱塞与缸筒作用简化静力学模型如图 4.12 所示。

略去液体阻力、忽略柱塞面积变化，设柱塞与缸筒滚动体接触，所受正压力 N_{21}、N_{22}，摩擦力 F_1、F_2，砝码对柱塞施加的作用力 P 为理论作用力，液压作用力 pA_2。设柱塞几何中心线与铅垂线平行，根据静力平衡原理和库仑定律建立柱塞受力方程

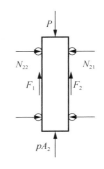

图 4.12 柱塞与缸筒作用
简化静力学模型

$$\begin{cases} pA_2 = P - F_1 - F_2 \\ N_{22} = N_{21} \end{cases} \quad (4.17)$$

$$F_1 = F_2 = F = N_{21} \cdot f$$

式中，f 为滚动摩擦系数。由于摩擦引起的力值误差

$$\delta P = 2F \quad (4.18)$$

可见，当摩擦系数 f 很小时，由于摩擦引起的力值误差将会很小。

直线轴承所受正压力 N_{21}，即施加于柱塞上的液体压力和砝码重力引起的侧向力，N_{21} 的大小与机械加工、装配使用的几何精度有关。由于几何偏差的原因，正压力不可避免，因此摩擦引起的压力误差也不可避免。正压力 N_{21} 由直线轴承承受，因此直线轴承的承载能力首先要满足承受正压力的需要，且直线轴承的刚度必须能满足在最大正压力的情况下，不会使间隙 δ 变为零。

2. 补油柱塞缸计算

设柱塞系统的泄漏量为 Q_L，差动柱塞缸 13、14 为两个结构完全相同的部件，柱塞面积 A_1，保压时间 T，则柱塞行程 S 应不小于

$$S > T \cdot Q_L / A_1 \quad (4.19)$$

设最大工作压力 P_{max}，则结构承载能力应为油缸耐压大于 P_{max}，丝杠轴向承载能力大于

$$P_1 = P_{max} \cdot A_1 \tag{4.20}$$

设最大速度 V_1，则电动机功率应大于

$$P = P_1 \cdot V_1 \tag{4.21}$$

3. 液压式力标准机设计示例 1

以 10MN 液压式力标准机为例，该机最高工作压力为 62MPa，设大柱塞缸直径 $D=460\text{mm}$，缝隙长度 $L=800\text{mm}$，小柱塞缸直径 $d=20\text{mm}$，长度 $l=200\text{mm}$，放大比 $i=529$。选用液压油动力黏度 $\mu=180\times10^{-4}$，按机械加工六级精度考虑，取大缸间隙 $\delta=0.04\text{mm}$，小缸间隙 $\delta=0.015\text{mm}$。根据偏心情况下的圆环缝隙液流公式

$$Q_L = \frac{\pi D \delta^3}{12 \mu L} \Delta P \tag{4.22}$$

计算大柱塞缸泄漏量最大值

$$\begin{aligned} Q_{L\max} &= 2.5 \times \frac{\pi D \delta^3}{12 \mu L} \Delta P = 2.5 \times \frac{\pi \times 0.46 \times (0.04 \times 10^{-3})^3}{12 \times 180 \times 10^{-4} \times 0.8} \times 62 \times 10^6 \\ &\approx 2.64 \times 10^{-5} \text{m}^3/\text{s} \\ &\approx 1.58 \text{L/min} \end{aligned}$$

计算小柱塞缸泄漏量最大值

$$\begin{aligned} q_{L\max} &= 2.5 \times \frac{\pi d \delta^3}{12 \mu l} \Delta P = 2.5 \times \frac{\pi \times 0.02 \times (0.015 \times 10^{-3})^3}{12 \times 180 \times 10^{-4} \times 0.2} \times 62 \times 10^6 \\ &\approx 0.024 \times 10^{-5} \text{m}^3/\text{s} \\ &\approx 0.0145 \text{L/min} \end{aligned}$$

设正压力 N_{21} 为额定负荷的 5%，即 $N_{21}=500\text{kN}$，摩擦系数取 $f=0.002$，则摩擦力 $F=1000\text{N}$。

由于摩擦力引起的压力误差为

$$\delta P = 2F = 2000N$$

最大相对误差的绝对值为

$$\frac{2000}{100 \times 10^6} = 2 \times 10^{-5}$$

假设不采用滚动摩擦，而采用滑动摩擦，即使是使柱塞旋转，产生动压油膜，摩擦系数一般不会小于 0.03，则上述误差为 3×10^{-4}。

设计柱塞缸的柱塞直径为 $d=70\text{mm}$，则 $A_1=3.8 \times 10^{-3} \text{m}^2$，轴向承载能力大于

$$P_1 = P_{max} \times A_1 = 236\text{kN}$$

设保压时间 $T=60\text{s}$，柱塞行程 S 为

$$S > T \times Q_L / A_1 = 60 \times 2.9 \times 10^{-5}/(3.8 \times 10^{-3}) = 0.45\text{m}$$

取 S=500mm，伺服电机功率

$$P_N > P \times (Q_L + q_L) = 1.79\text{kW}$$

4. 液压式力标准机设计示例 2

再以 1MN 液压式力标准机为例，该机最高工作压力为 64MPa，设大柱塞缸直径 D=200mm，缝隙长度 L=500mm，小柱塞缸直径 d=6mm，长度 l=100mm，放大比 i=506.5。选用液压油动力黏度 μ=180×10^{-4}，按机械加工六级精度考虑，取大缸间隙 δ=0.025mm，小缸间隙 δ=0.01mm。根据偏心情况下的圆环缝隙液流公式

$$Q_L = \frac{\pi D \delta^3}{12\mu L} \Delta P$$

计算大泄漏量最大值

$$\begin{aligned}
Q_{L\max} &= 2.5 \times \frac{\pi D \delta^3}{12\mu L} \Delta P = 2.5 \times \frac{\pi \times 0.135 \times (0.025 \times 10^{-3})^3}{12 \times 180 \times 10^{-4} \times 0.5} \times 64 \times 10^6 \\
&\approx 0.98 \times 10^{-5}\,\text{m}^3/\text{s} \\
&\approx 0.59\text{L/min}
\end{aligned}$$

计算小缸泄漏量最大值

$$\begin{aligned}
q_{L\max} &= 2.5 \times \frac{\pi d \delta^3}{12\mu l} \Delta P = 2.5 \times \frac{\pi \times 0.006 \times (0.01 \times 10^{-3})^3}{12 \times 180 \times 10^{-4} \times 0.1} \times 62 \times 10^6 \\
&\approx 0.014 \times 10^{-5}\,\text{m}^3/\text{s} \\
&\approx 0.0084\text{L/min}
\end{aligned}$$

设正压力为额定负荷的 5%，即 N_{21}=5000N，摩擦系数取 f=0.002，则摩擦力 F=10N。

由于摩擦力引起的压力误差为

$$\delta P = 2F = 20\text{N}$$

最大相对误差的绝对值为

$$\frac{20}{1 \times 10^6} = 2 \times 10^{-5}$$

假设不采用滚动摩擦，而采用滑动摩擦，即使是使柱塞旋转，产生动压油膜，摩擦系数一般不会小于 0.03，则上述误差为 3×10^{-4}。

设计柱塞缸的柱塞直径为 d=50mm，则 A_1=1.963×10^{-3}m^2，轴向承载能力大于

$$P_1 = P_{\max} \times A_1 = 124\text{kN}$$

设保压时间 T=60s，柱塞行程 S 为

$$S > T \times Q_L / A_1 = 60 \times 0.98 \times 10^{-5} / (1.963 \times 10^{-3}) = 0.29\text{m}$$

取 $S=300\text{mm}$，伺服电机功率

$$P_N > P \times (Q_L + q_L) = 627\text{kW}$$

5. 滚动摩擦油缸液压式力标准机的技术特点

上述设计是以滚动摩擦油缸液压式力标准机为例的，总体来说，这种形式的设备具有以下特点：

（1）柱塞与缸筒之间的接触是滚动摩擦，可以大幅度减小摩擦力，提高工作精度；同时简化油缸的结构。

（2）简化制造工艺，由于柱塞与缸筒之间不直接接触，因而无须为减小磨损而进行严格的热处理；避免传统液压油缸制造的复杂工艺过程，尤其是无须研磨过程。

（3）通过伺服电机驱动的补油柱塞缸，可以对泄漏的工作介质实施补偿，并保持柱塞的垂直位置不变，有效控制加载时间。

（4）无须高压液压泵，也没有压力和流量脉动现象。流量控制精确、稳定。可通过控制柱塞的精确位移，实现最小稳定流量需要，维持系统工作压力稳定、准确。

（5）大幅降低造价。液压式力标准机的造价高是出了名的。例如，中国计量学院，历时 13 年，于 1993 年制成 20MN 液压式力标准机，当时设备投资 800 余万元人民币，按可比价格合计当时的美元约 400 万。该机作为国家基准机，精度 0.03%。

（6）工作效率高。施加每级载荷时，稳定和控制压力均由伺服电机驱动控制的柱塞缸位移完成，可以很高速度实现，因而效率高，可以在 60s 以内完成加荷与稳定任务。

小结：本节提出和论述的滚动摩擦油缸的理念，理论上是正确合理，结构设计和分析表明，实际应用是可行的。运用了这种液压油缸，液压式力标准机可以有效地减小由于摩擦力引起的力值误差，简化机器结构，减低造价。

4.3　静压支承油缸液压式力标准机

静压支承油缸液压式力标准机是指小油缸和主油缸两个柱塞式液压缸柱塞与缸筒之间由静压油垫支承，没有固体接触，如图 4.13 所示的液压式力标准机液压原理图中，左侧的主油缸和右侧的小油缸经油管连接构成连通器。油缸采用间隙密封，泄漏的液压油由专门的主液压油源经伺服阀补偿。主油缸和小油缸均采用静压支承方式，它们通过上下和周围对称布置的油垫使得柱塞与缸筒内壁避免直接接触，从而消除摩擦力影响。

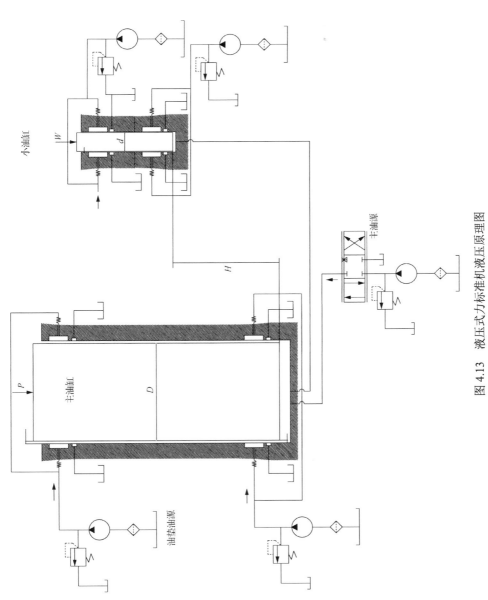

图 4.13　液压式力标准机液压原理图

P-主油缸作用力；W-小油缸作用力；d-小油缸直径；D-主油缸直径；H-大小油缸活塞高度差

4.3.1　60MN 液压式力标准机技术方案分析

以作者设计的一种 60MN 液压式力标准机的技术和结构方案为例，对静压支承液压式力标准机进行分析。

1. 油缸受力分析

受制造、安装等影响，施加于测力仪上的作用力常常会偏心、倾斜，简化为如图 4.14 所示的静压密封液压油缸受力计算模型。

若采用静压支承略去摩擦，则有下式成立：

$$P = p\frac{D^2}{4}\pi\cos\theta \qquad (4.23)$$

$$P\sin\theta - N_1 + N_2 - N_3 + N_4 = 0 \qquad (4.24)$$

式中，p 为液体压力；D 为油缸直径；θ 为倾斜角度；$N_1 \sim N_4$ 分别为油垫的支反力。

若通过保证承压面平行，倾斜角度不大于 0.5°（相当于平行度 0.8mm/m，引起的误差 0.005%），略去倾斜影响，设 $N_1=0$，$N_4=0$，则有

$$P\cdot e = N_2 \cdot h \qquad (4.25)$$

式中，e 为最大偏心距；h 为支承油垫的间距。

对于大油缸：

取 $e=10$mm，$h=1000$mm，$P=60$MN，可得油缸受到的最大侧向力为 $N_{max}=600$kN。

对于小油缸：

取 $e=1$mm，$h=150$mm，$P=300$kN，可得油缸受到的最大侧向力为 $N_{max}=2$kN。采用静压支承油缸油垫的承载能力据此设计。

2. 关于油垫

油缸周围设置油垫。对于大油缸上下两组共计 16 个；小油缸上下两组共计 6 个。油垫为图 4.15 所示的近似平面圆形油垫。

所需流量为

$$Q = \frac{\pi h^3 \Delta p}{6\mu \ln\dfrac{r_2}{r_1}} \qquad (4.26)$$

出油液阻为

$$R_h = \frac{6\mu \ln\dfrac{r_2}{r_1}}{\pi h^3} \qquad (4.27)$$

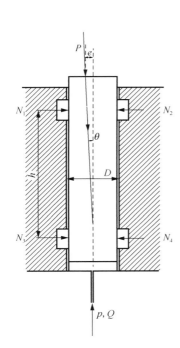

图 4.14 静压密封液压油缸受力计算模型

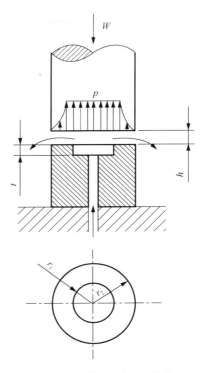

图 4.15 近似平面圆形油垫

承载能力为

$$W = \frac{\Delta p \pi r_2^2 (1 - \frac{r_1^2}{r_2^2})}{2 \ln \frac{r_2}{r_1}} \qquad (4.28)$$

1）大油缸的油垫计算

计算条件：最大侧向力 600kN，单个油垫最大承载 300kN，周向对称均布 8 个，r_1=50mm，r_2=100mm，h=0.05mm，30 号机油。

根据单个油垫承载能力公式

$$W = \frac{\Delta p \pi r_2^2 (1 - \frac{r_1^2}{r_2^2})}{2 \ln \frac{r_2}{r_1}}$$

计算得压差为Δp=17.6MPa。

单个油垫所需流量

$$Q = \frac{\pi h^3 \Delta p}{6\mu \ln \dfrac{r_2}{r_1}}$$

计算得 Q=3.7L/min。

全部油垫需流量 Q_z=60L/min，压力为 17.6MPa，额定功率为 18kW。

考虑到加工制造引起的 h 偏差增大，设 h 为 0.08mm，则上述流量 Q_z=245L/min，功率为 72kW。

2）小油缸的油垫计算

计算条件：最大侧向力 2kN，单个油垫最大承载 2kN，周向对称均布 3 个，r_1=25mm，r_2=40mm，h=0.01mm，30 号机油。

根据单个油垫承载能力公式

$$W = \frac{\Delta p \pi r_2^2 (1-\dfrac{r_1^2}{r_2^2})}{2\ln \dfrac{r_2}{r_1}}$$

计算得压差为Δ/p=0.6MPa。

单个油垫所需流量

$$Q = \frac{\pi h^3 \Delta p}{6\mu \ln \dfrac{r_2}{r_1}}$$

计算得 Q=0.0015L/min。

全部油垫需流量 Q_z=0.09L/min，压力为 0.6MPa，额定功率为 5W。

考虑到加工制造引起的 h 偏差增大，设 h 为 0.02mm，则上述流量 Q_z=0.72L/min，功率为 40W。

3. 关于间隙与泄漏

根据加工制造的能力，大油缸按间隙 0.05mm 计算，小油缸按 0.01mm 计算。

主油缸泄漏量的计算条件：偏心环形缝隙，$Q = 2.5\dfrac{\pi d h^3 \Delta p}{12\mu l}$，h=0.05mm，d=1800mm，l=400mm，30 号机油，Δp=25MPa，Q=20.4L/min，功率为 8.5kW。

考虑到加工制造引起的 h 偏差增大,设 h 为 0.08mm,则上述流量 Q =83.8L/min,功率为 35kW。

小油缸泄漏量的计算条件:偏心环形缝隙, $Q = 2.5 \dfrac{\pi d h^3 \Delta p}{12 \mu l}$, h=0.01mm, d=127mm, l=100mm,30 号机油, Δp=25MPa, Q=0.046L/min,功率为 19W。

考虑到加工制造引起的 h 偏差增大,设 h 为 0.02mm,则上述流量 Q=0.37L/min,功率为 154W。

4. 泄漏对压力的影响

间隙密封的油缸存在泄漏,引起前述连通器内液体为具有一定流速的非静止液体。

根据伯努利方程,得

$$z_1 + \frac{p_1}{\rho g} + \frac{\upsilon_1^2}{2g} = z_2 + \frac{p_2}{\rho g} + \frac{\upsilon_2^2}{2g}$$

泄漏造成液流的速度变化,引起压力变化 $\dfrac{\rho \upsilon^2}{2}$,其中, ρ 为液体的密度, υ 为流速。

对于主油缸,泄漏量按 Q=83.8L/min 计算,油腔内引起的压力变化为 1.36×10^{-4} Pa,与额定压力 25MPa 相比略去不计。

对于小油缸,泄漏量按 Q=0.37L/min 计算,油腔内引起的压力变化为 1.06×10^{-4} Pa,与额定压力 25MPa 相比略去不计。

5. 总体布局与基本结构

图 4.16 为 60MN 静压支承油缸液压式力标准机,组成部分包括主机、重力砝码标准力源系统、液压控制系统和电气控制系统。主机包括静压支承的主油缸和承载框架,框架包括底座、四根立柱、动横梁、动横梁与四根立柱的弹性夹持液压锁紧系统,还有动横梁上下移动的驱动油缸。在加载试验时,动横梁通过弹性夹持和液压锁紧系统将动横梁与四根立柱紧固在一起,它们与底座构成一个整体的高刚性龙门框架,承受主油缸施加的载荷。紧固后的动横梁无间隙且与底座工作平面保持平行。当需要调整工作空间时,松开液压锁紧,由驱动油缸驱动动横梁做上下连续移动,实现工作空间的无级连续可调,便于被检测试件的安装调整。

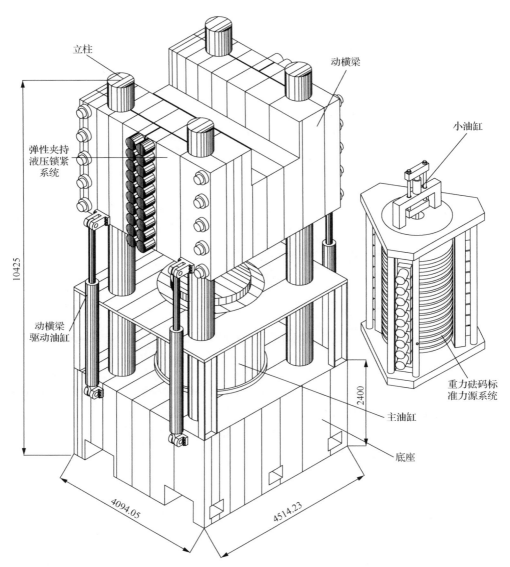

图 4.16　60MN 静压支承油缸液压式力标准机（单位：mm）

　　重力砝码标准力源系统实际上是一台静重式力标准机，只是施加力的对象是小油缸。除遵循液压式力标准机的规则以外，它采用最新式、先进的电动独立加码方式实现砝码的加卸和安放。液压与电控系统采用最先进的液压技术、电控技术与软件技术。

6.　主要技术参数

（1）载荷能力：500kN～60MN（压向）。

（2）力值准确度等级：不低于 0.03。

（3）工作空间：200～2000mm（高），连续无级可调，2400mm（宽）。

（4）重力砝码：300kN。砝码组合：2.5kN,2.5kN,5kN,10kN,10kN,10kN,10kN, 10kN,20kN,20kN,20kN,20kN,20kN,20kN,20kN,20kN, 30kN,50kN。

（5）主机总重：（约）600t。

（6）重力砝码标准力源系统质量：约 50t。

（7）电源：3 相 AC 380V，150kV·A。

（8）液压系统主要参数：油垫液压系统，流量 245L，额定压力 25MPa。连通器液压系统：流量 90L，额定压力 25MPa。

（9）占地面积：约$(7 \times 5)m^2$。

7. 核心技术问题解决

1）静压油缸结构与控制

油缸采用柱塞式、间隙密封结构，缸筒的周围上下对称布置静压油垫，以避免柱塞与缸筒直接接触。

图 4.17 为主油缸的结构，周围对称布置 8 个油垫，上下布置两层。经与中国一重、二重、北京首钢机电有限公司等国内重型设备制造技术最高水平的企业进行技术交流，根据目前所具备的加工制造技术能力和水平缸筒与柱塞的间隙单边设计为 0.05mm。

静压油垫在制作后与缸筒固定，然后进行油缸的精密机械加工。静压油垫支承技术是广泛应用的成熟技术，目前静压式液压油缸已经有系列产品，尤其是小规格的产品，大量应用在各种液压系统上，例如各种振动台上使用的液压油缸。力标准机在国内制造和应用成功的实例包括中国计量科学研究院 20MN、5MN 液压式力标准机、广东省计量科学研究院 10MN 液压式力标准机。

2）动横梁连续无级可调

为使设备在应用过程中操作方便，本技术方案采用动横梁沿四根支撑立柱轴向位置连续无级可调技术，达到无级调节试件工作空间的目的，图 4.18 为液压锁紧结构原理图，图 4.19 为弹性夹持原理图。动横梁与立柱采用精密滑动配合以确保运动导向，采用弹性夹持技术，在设备加载工作时将动横梁与立柱紧固在一起，并用液压方式施加夹持力和锁紧。依靠夹持产生的摩擦力抵消作用于动横梁上的轴向作用力。只要施加足够大的夹紧作用力 P_r，即可产生足够大的摩擦力。松开夹紧时，通过驱动油缸带动动横梁做上下移动。

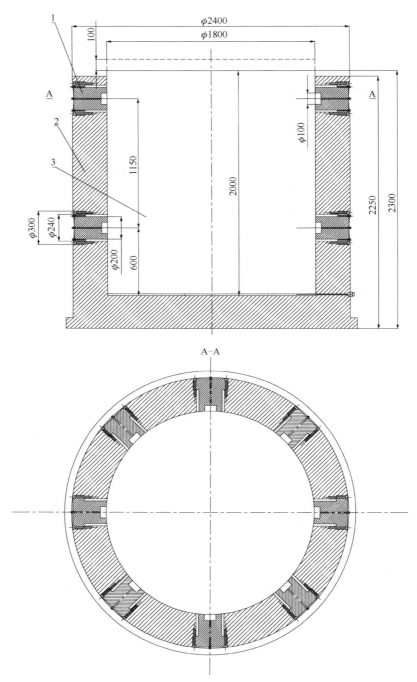

图 4.17　主油缸的结构（单位：mm）

1-静压油垫；2-缸筒；3-活塞

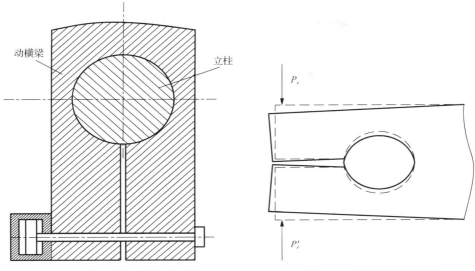

图 4.18　液压锁紧结构原理图　　　　　　图 4.19　弹性夹持原理图

　　动横梁与立柱的弹性夹持与液压锁紧技术，在疲劳试验机等设备上已经广泛应用，具有工作可靠、无连接间隙、几何精度高、操作使用方便等优点。目前已知的弹性夹持液压锁紧方式的疲劳试验机最大轴向载荷已达 30MN。图 4.20 为 MTS 公司在疲劳试验机上采用弹性夹持与液压锁紧的示例。

图 4.20　MTS 疲劳试验机弹性夹持与液压锁紧

3）电动独立加码

　　力标准机的重力砝码标准力源系统实质上可以看作是静重式力标准机。本方案采用电动独立加码技术，即通过单独的驱动机构由电动机驱动实施每一块砝码独立的加卸动作，加载原理同第 2 章。

4）控制问题

液压式力标准机的控制核心问题是测力柱塞的位置控制。根据目前的位置控制技术，利用电液伺服控制方式，设控制位置精度为 0.1mm，则由此引起的压力变化为

$$\rho g \Delta H = 900 \times 9.8 \times 0.1 \times 10^{-3} = 0.882 \text{Pa}$$

由此引起的力值误差为 $0.882 \times A_1$=2.24N。按最小施加力 500kN 计算，则相对误差为 0.000449%，可以忽略。

4.3.2　静压密封液压油缸

关于单个油缸，直线运动的液压作动器（液压缸），通常其工作效率包括机械效率和容积效率两部分组成，即

$$\eta = \eta_m \eta_v \tag{4.29}$$

如图 4.21 所示的单作用式直线液压作动器，液压缸的活塞、活塞杆与缸筒和缸盖在液压油的作用下做相对直线运动，速度为 v。活塞杆与缸盖的内壁、活塞与缸筒的内壁接触，为了减小或者消除泄漏通常采用密封措施。接触和密封会在运动中产生摩擦力，尤其是当活塞杆承受侧向力 N 的情况下。由于侧向力通常是无法避免的，所以对于高速运动的活塞和活塞杆，摩擦力造成的功耗会相当之大。

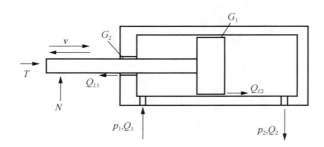

图 4.21　单作用式直线液压作动器

例如，设 N 为负载 T 的 $m\%$，摩擦功率损耗占输出功率的百分比为

$$\delta_{PL} = m\% \cdot f \tag{4.30}$$

式中，f 为摩擦系数。

在高速、高频工作情况下，摩擦功耗将会非常突出，为此工程上采用若干减小摩擦的技术方法。比如最常用的方法是采用间隙密封，通过提高加工精度来达

到既减小摩擦又降低泄漏的目的。与液压控制阀的滑阀加工一样，大多采用配研的工艺方法。但这种方法没有从根本上解决液压作动器的摩擦问题，在当侧向推力 N 较大时尤为突出。

一种较为成功的方法是借用静压轴承的思路，在做相对运动的区域增设自动控制静压油腔，避免固体接触，并自动调节间隙。

图 4.22 为一种静压支承的间隙密封液压作动器工作原理[12]。活塞杆与缸盖采用间隙配合（环形间隙 G_2），在缸盖的内孔壁开设静压油槽 OS_1、OS_2、OS_3、OS_4，上下和左右两个油腔分别连接如图 4.23 所示的薄膜反馈调压器。液压油 p_3 分别经薄膜的上下两边进入油腔 OS_1、OS_3，回油经间隙通过回油口以压力 P_{41}（$=P_{42}=P_{43}=P_{44}$）回到油箱。若无上下不平衡作用力，则活塞杆与缸盖的中心趋于重合，周边是间隙油膜。若侧向作用力 N_1 使得活塞杆产生偏心距 e，油腔 OS_1 与活塞杆的间隙减小，油腔 OS_1 的回油阻力增大，油腔压力 P_{31} 增大；而油腔 OS_3 的压力 P_{33} 减小，压力差 $\Delta P_1=P_{31}-P_{33}>0$，抵抗外载荷 N_2。同时，压差 ΔP_1 使得薄膜反馈器内厚度为 δ 的薄膜向下移动，使 h_{c1} 增大，h_{c3} 减小（h_{c1} 表示薄膜底部与薄膜反馈器上腔的距离，h_{c3} 表示薄膜底部与薄膜反馈器下腔的距离）。从而油腔 OS_3 的进油阻力增大，P_{33} 减小；油腔 OS_1 的进油阻力较小，P_{31} 增大。这一过程将压力差 ΔP_1 进一步加大，以使 e 减小，油膜厚度趋于均匀。同样的道理适用于左右对称布置的两个油腔 OS_2 和 OS_4。为了使回油畅通可以设计 $P_{41}<0$。在正确选择确定结构和节流器的参数情况下，可以做到 $e\approx0$。

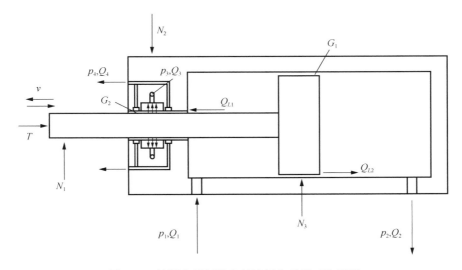

图 4.22 静压支承间隙密封液压作动器工作原理

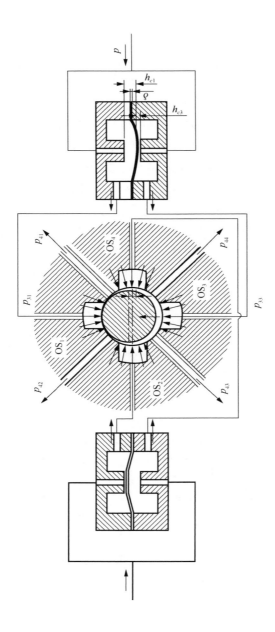

图 4.23　薄膜反馈式静压支承原理

随负载变化的偏心距 e（因而间隙随之变化）和薄膜间隙实质上是在油路上设置了压力自动调节器，并且是依靠改变节流面积改变液阻的方式实现。薄膜反馈式四油垫静压支承的承载能力可用下式表示：

$$N_2 = \frac{6p_3 A_e \xi \varepsilon}{\dfrac{1}{\overline{p}_0(1-\overline{p}_0)} - 6C_c} \qquad (4.31)$$

式中，p_3 进油口压力；ξ 为油膜厚度不均修正系数；A_e 为有效承载面积；$\overline{p}_0 = \dfrac{1}{1+\lambda_0}$ 为设计载荷的油垫压力比，其中 λ_0 为液阻比，是一项结构参数；ε 为偏心率（$\varepsilon = e/h_0$，h_0 为设计载荷时的间隙）；C_c 为薄膜最大相对变形。即若选择或设计适当的油垫，可以承担足够大的载荷。并且油膜的刚度也可以设计成足够大，甚至无穷大。

除薄膜反馈式静压支承以外，还有多种实现静压支承的自动调节技术方法，例如固定节流式、小孔节流式、滑阀节流式、内反馈式等。

图 4.22 中，若将外载荷作用、端盖和活塞均简化为点作用，端盖处沿轴向方向设置一组静压油垫，承受载荷 N_2，则活塞处必然需要承受作用力 N_3。为了解决活塞处的摩擦问题，已经采用的解决办法是在活塞的外表面喷涂非金属减磨涂料。如图 4.19 所示。

图 4.22 中，若将外载荷作用、端盖和活塞均简化为点作用，端盖处沿轴向方向设置一组静压油垫，承受载荷 N_2，则活塞处必然需要承受作用力 N_3。为了解决活塞处的摩擦问题，已经采用的解决办法是在活塞的外表面喷涂非金属减磨涂料。图 4.24 为长春机械科学研究院有限公司生产的静压支承油缸。

还可以采取两种办法解决问题，一是采用双杆活塞缸，二是端盖处沿轴向方向设置两组油

图 4.24 静压支承油缸

垫。第一种方法由于油缸两端采取静压支承，承受侧向力，活塞不需要承受，所以在间隙密封时，理论上摩擦也为零。第二种方法设置两组油垫，在如图 4.25 所示的静力平衡模型中，分别承受载荷 N_2 和 N_2'，若满足力平衡条件：

$$N + N_2' = N_2 \qquad (4.32)$$
$$N \cdot L = N_2' \cdot L_1 \qquad (4.33)$$

则 $N_3 = 0$。

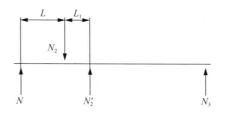

图 4.25　静力平衡模型

　　静压支承在轴承上的成功应用为这项技术在油缸上的应用奠定了基础。外置的专用油源压力 P_3，在设计和加工正确合理的情况下，油缸泄漏量很小，其本身能量消耗与油缸输出功率相比同样很小，由此提高了油缸的工作效率和工作频率。目前美国穆格公司的产品已知的油缸工作速度可达 4m/s 以上，在高性能伺服阀的作用下，工作频率可达 300Hz。

　　小结：静压支承液压式力标准机，在结构上和关键技术上，就目前状况而言都是不存在障碍的。当然，关于静压支承油缸本身，由于技术和工艺的复杂性，仍然存在造价高、维护困难的问题。在不考虑这个因素的前提下，这种形式的力标准机是可以获得大输出作用力的高精度力标准机。表 4.2 是大规格（5MN 规格以上）液压式力标准机与叠加式力标准机的性能比较。

表 4.2　大规格液压式力标准机与叠加式力标准机的比较

设备类型	量程	精度	效率	可信度	使用过程	蠕变试验	高低温环境试验	价格指数
液压式力标准机	>5MN	高，可达 0.01 级	高	极高，无不可信因素	只需正常年检	可做	可做	1
叠加式力标准机	>5MN	低，理论值可达 0.05 级	高	太低，只能相信传感器的输出	传感器必须经常到上级机构检定	不能做	不能做	0.5~0.8

参 考 文 献

[1] 吴金波, 张军. 基于帕斯卡原理的新型电液力加载装置的研制[J]. 机械与电子, 2017, 35(10): 61-65.

[2] 张智敏, 张伟, 李楠. JJG 1117—2015《液压式力标准机检定规程》解读[J]. 中国计量, 2016(4): 122-123.

[3] 熊俊, 刘建斌. 500kN 液压式叠加式力标准机的研制[J]. 计测技术, 2014(3): 32-35.

[4] 李振民, 施昌彦, 易本忠, 等. 中日 20MN 力基准机的力值比对[J]. 计量学报, 1996(4): 283-286.

[5] 蔡正平, 施昌彦. 20MN 液压式力基准机的特点和应用[J]. 自动化仪表, 1993(10): 17-19.

[6] 张中元. 力学计量技术标准装置现状[J]. 科技与创新, 2014(6): 29-30.

[7] 闫好奎, 任建国. 液压式测力机的基本原理[J]. 科技信息, 2013(4): 441-441.

[8] 马兴. 6.7MN 叠加式力标准机技术改造[J]. 计量与测试技术, 2016, 43(5): 54-55.

[9] 翟大鹏. 无旋转活塞式压力计平滑加载控制系统研究[D]. 长春: 吉林大学, 2013.

[10] 段文. 滚动摩擦油缸液压式标准力源技术研究[D]. 长春: 吉林大学, 2011.

[11] 张学成, 刘大威. 滚动摩擦油缸液压式力标准机: CN201110023654. 2[P]. 2011-09-07.

[12] 张学成, 于立娟. 疲劳试验加载方法[M]. 北京: 科学出版社, 2017.

5 叠加式力标准机

力值计量实质上是被检测或者校准的物体与标准的力值进行比对。叠加式力标准机是一种典型的建立在比对原理基础上的力值计量工具，它是高精度传感器技术和机械与驱动控制技术发展的产物。由于原理上设备可以简单地被理解为标准测力仪与被检测力仪的比对，所以该设备被称为比对式测力机。前述其他三类力标准机，比对的标准都直接或者间接是重力，而叠加式力标准机用于比对的标准参照物是标准测力仪，是取自标准力源的电信号。考虑到标准测力仪比较容易得到，所以叠加式力标准机的造价相对较低，因此叠加式力标准机虽然出现最晚，但却是发展最快的力值计量装备。在中国，叠加式力标准机是从火箭发动机原位标定演绎而来的，最早见于 20 世纪 80 年代初期，借助当时中国的电阻应变式称重传感器发展如火如荼的需求应运而生。作者研制力标准机即是从叠加式力标准机开始的，是应长春衡器厂的生产需求，1991 年研制了第一台全自动叠加式力标准机。迄今为止，虽然林林总总的叠加式力标准机如雨后春笋般地出现，遗憾的是，从叠加式力标准机所依据的基本物理学原理角度进行研究，并提出相应技术的着实不多见。

由于叠加式力标准机是用测力仪检测测力仪，一般来说，被检测力仪的精度不会高于标准测力仪；还有，叠加式力标准机的误差是正反馈；力值的计量范围仅限于标准传感器的工作范围。鉴于这些客观的原因，叠加式力标准机作为力值计量传递的标准器具难度较大。目前多用于测力仪，尤其是称重传感器的生产制造工艺过程的传感器静态性能检测。

5.1 叠加式力标准机技术方案

5.1.1 叠加式力标准机的工作原理

叠加式力标准机（build-up force standard machine，BFSM）是利用力源对串联同轴安装的标准传感器和被检传感器施加负荷，根据配套标准二次仪表的标准数据与被检传感器的输出数据进行比较，来确定被检测力仪的各项计量性能指标的标准测力装置。标准数据就是标准传感器和配套标准仪表取自标准力源的信号示值[1-2]。标准传感器和配套标准二次仪表统称为标准测力仪，被检传感器与二次仪表称为被检测力仪。被检测力仪如果是测力环，那么它可以不需要配套具有电信号输出的二次仪表。

　　图 5.1 为叠加式力标准机基本原理，同轴串联的两只传感器，沿轴向方向施加作用力 F，力的作用线与轴线重合。因此两个传感器所受到的作用力相同，对于两个性能完全相同的传感器而言，它们的输出信号应该是相同的。假设其中一只传感器的输出信号是经过标定了的，满足一定的精度和性能指标，将另一只传感器的输出信号与标定了的标准传感器信号进行比较即可以得出二者的偏差ΔV，将该偏差加上标定传感器的标准器偏差、承受载荷结构引起的偏差，就可以得出被检传感器的偏差。

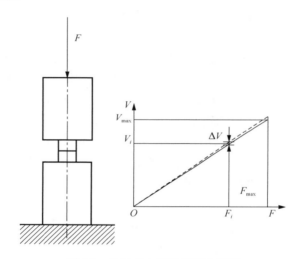

图 5.1　叠加式力标准机基本原理

1. 力学模型

　　将构成叠加式力标准机的结构视为弹性体，简化的静力学模型如图 5.2 所示。分别将各个构件以线弹性元件表示，作为标准的传感器刚度 k_1，变形Δx_1；被测的传感器刚度 k_2，变形Δx_2；加载驱动系统的刚度 k_3，变形Δx_3；支撑构件的刚度 k_4 和 k_5，变形Δx_5 和Δx_6。其中，F、F'，T_1、T_1'，T_2、T_2' 互为反作用力，理想情况下，$T_1=T_2$，且图中三条轴线是平行的。根据静力平衡关系有

$$\begin{cases} F = T_1 + T_2 \\ F = k_1 \cdot \Delta x_1 = k_2 \cdot \Delta x_2 = k_3 \cdot \Delta x_3 \\ T_1 = k_4 \cdot \Delta x_4 \\ T_5 = k_5 \cdot \Delta x_5 \end{cases} \qquad (5.1)$$

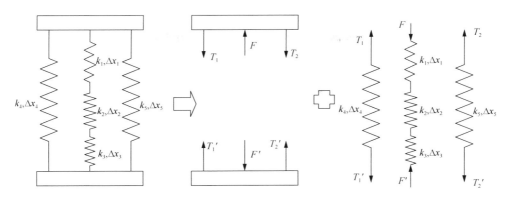

图 5.2　简化的静力学模型

根据 $F = k_3 \cdot \Delta x_3$，由于构件的刚度参数 k_3 一般认为是恒定的，所以根据误差原理，力值 F 的误差可以表示为

$$\Delta F = k_3 \cdot \delta x_3 \tag{5.2}$$

式中，δx_3 为变形 Δx_3 的微分。由此可以做出两个推论：第一，加载系统中，当 k_3 恒定时，位移 Δx_3 的精细程度 δx_3 决定着力值 F 的精密程度。换句话说，施加力的分辨率取决于加载系统的位移分辨率；第二，当 ΔF 一定时，δx_3 与 k_3 成反比。较小的刚度 k_3 可以允许较大的加载系统的位移分辨率 δx_3，也即对位移分辨率的要求降低了。载荷取决于位移（变形），力值的精确程度取决于位移的精密控制，对位移的精密控制受加载系统刚度影响，这是叠加式力标准机施加载荷实施精密控制的基本理论依据。

位移控制的量值究竟多小才能满足叠加式力标准机加载的需要？不妨做一个基本计算：以 HBM 公司生产的 Z4 型力传感器为例，设所配测量仪表为 DMP40 数字高精度测量仪。传感器的最大变形量设为 0.4mm，按线性关系考虑，DMP40 数字高精度测量仪在最大分辨率（2000000dpi）下，显示每个读数所对应的传感器变形为 0.2nm。换言之，欲实现显示仪表一个读数范围变化的控制，应该使传感器受到的变形量不大于 $\Delta x_1 = 0.2$nm。考虑到图 5.1 中的串联系统，折合到加载装置产生的位移会大一些，

$$\frac{1}{k} = \frac{1}{k_1} + \frac{1}{k_2} + \frac{1}{k_3}$$

$$\Delta x = \frac{k_1}{k} \cdot \Delta x_1$$

式中，k 为总刚度；Δx 为总位移。在 Δx_1、Δx_2、Δx_3 相同的情况下，总位移 $\Delta x = 3\Delta x_1$，约为 0.6nm。总位移控制应该在纳米以下的水平。即使是在分辨率为 2000000dpi 的

情况下，总位移也达到 2nm。当然，根据上述公式，可以通过减小加载系统刚度来增大最小位移量，比如上式中，假设 $k_1=k_2$，$k_3=k_1/4$，则可得

$$\Delta x = 6\Delta x_1$$

总位移约为 1.2nm。可见小位移控制是必需的，而且量值是极其微小的。科技的迅猛发展和新技术的应用使得小位移控制成为可能，所以叠加式力标准机在中国得到了迅速发展和普及。

从上述分析中可以看出，叠加式力标准机对传感器的作用是基于力的静力学效应，施加的力值是弹性力，大小和方向取决于刚度和变形两个因素。因此保证叠加式力标准机的力值准确度的必要条件是加载系统必须具备能够实现微小位移的能力。

2. 误差分析

式（5.2）是建立在如图 5.2 所示理想力学模型基础之上的，它是叠加式力标准机由机器性能决定的误差之一。除此之外，误差因素还包括两类，一是机械结构误差，二是标准测力仪的误差。

1）机械结构引起的力值误差

机械结构引起的力值误差主要是力的中心线偏离理想中心线引起的，如图 5.3 所示。

这里把由于加工制造、传感器安装等原因引起力的实际中心线与理想中心线偏离的误差设为 ΔF_1。假设这些原因引起的偏心距 e，引起的传感器轴线

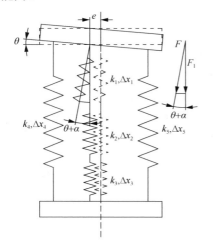

图 5.3　力的中心线偏离理想中心线引起的力值误差模型

与水平面不垂直产生倾角 α，由此造成作用于被检传感器上的作用力由 F 减小到 F_1，由此引起的误差即为 ΔF_1，根据几何关系得

$$\Delta F_1 = F - F_1 = F(1-\cos(\theta+\alpha)) \tag{5.3}$$

$$\tan\theta = (\Delta x_4 - \Delta x_5)/e \tag{5.4}$$

尽管存在加工误差，一般来说对于图 5.1 的系统，满足 $k_4=k_5$ 是可以做到的。由于偏心必然使 $\Delta x_4 \neq \Delta x_5$，也即出现 $T_1 \neq T_2$。根据式（5.1）得

$$\Delta x_4 - \Delta x_5 = (T_1 - T_2)/k_4 \tag{5.5}$$

假设 T_1、T_2 不变，可知 k_4 越大，则 $\Delta x_4 - \Delta x_5$ 越小。于是根据式（5.3）、式（5.4），θ 和 ΔF_1 也就越小。所以较大的结构刚度非常有利于减小误差，即叠加式力标准机应当具有更高的机械结构刚性。此外，为了减小 α，传感器安装面应该与轴线尽

可能垂直。所以，叠加式力标准机对传感器安装面应该具有更高的几何精度。类似的分析适用于被检传感器。

与以静重式力标准机为代表的其他种类叠加式力标准机不同，如图 5.3 所示的模型中，在某个确定的力值点 F，计量的参考标准依然是与轴线偏离的 F，随着力值增大，这种偏离会随之增大，所以叠加式力标准机的标准力值是正反馈的。这个误差可以视作由于机械结构引起的标准测力仪的二次误差，它同时必然引起被检传感器的误差，因此叠加式力标准机具有更大的理论误差。但是由于标准传感器和被检传感器的机械性能有差异，机械结构引起的二者误差不可能相同。按照误差减小原则，被检传感器的刚性低于标准传感器。设被检传感器由于机械结构引起的误差为 ΔF_{12}，且 $\Delta F_{12} \leqslant \Delta F_1$。

而其他种类的力标准机参考力值的方向和大小是不变的，当出现上述倾斜角度时，只有被检传感器信号输出受到影响，ΔF_1 不存在。

2）标准测力仪的误差

在叠加式力标准机上，标准测力仪包括力传感器、信号放大和调理仪表。它的误差是由仪表自身决定、由上一级力值计量装置标定的，在认定具有长期稳定性之后它是个确定的值，假设为 ΔF_2。

3）关于误差的结论：

（1）叠加式力标准机的误差包括三个部分，即加载装置的控制误差 ΔF、机械结构引起的误差 ΔF_1、标准仪表误差 ΔF_2，总误差为

$$\Delta F_z = \Delta F + \Delta F_1 + \Delta F_2 \qquad (5.6)$$

（2）由于上述固有误差的原因，叠加式力标准机不可以用来检测误差水平低于 ΔF_2 的被检传感器，换句话说，它不能测量精度高于自身的传感器或者测力仪，其理论最小误差为

$$\Delta F_{\min} = \Delta F + \Delta F_2 \qquad (5.7)$$

这是叠加式力标准机的较大缺点之一，它的检测结果的准确性、可靠性、可信性等，严重依赖标准测力仪的性能。叠加式力标准机的准确度等级，一般全量程上可以达到 0.1，单个点考虑或者按照满量程计算，可以达到 0.02。当然，仅仅作为比对使用时，达到 0.001 也是可能的。为了使满量程上都具有高的准确度等级，所使用的标准传感器可以是一个系列。比如，500kN 规格叠加式力标准机，可以配备 500kN 以下多种规格标准传感器，如 500kN、200kN、100kN、50kN 等。这样，每一种规格标准传感器检测相同规格的传感器，这样精度就会提高。

正因为全量程上准确度等级较低，叠加式力标准机在力值计量领域一般不作为计量标准使用。不过，由于成本低廉这一独一无二的优势完全弥补了其他不足，因此叠加式力标准机常常作为测力仪生产线的工作设备。另外，有些传感器，如

称重传感器，一般要求的灵敏度误差水平在 0.1%等级上，对于力值本身的准确度要求并不高。而其他的力学性能，如重复性、滞后、非线性等，基本上取决于机器结构的性能，达到 0.01 都是可以做到的，这就为生产厂商提供了很好的使用依据。

3. 标准仪表的作用与选择

被检传感器的输出和检测结果基本上完全依赖标准测力仪的性能，所以标准测力仪是叠加式力标准机的核心。标准传感器和仪表选择的基本规则是，第一，必须满足被检传感器检测的精度需要和数据可信可靠的基本要求，其中精度指标中的长期稳定性是重要指标之一，也是最难以考核确定的技术指标。为此，一般叠加式力标准机所用的标准传感器和仪表不得不经常到上一级力值计量器具上进行复核、检定、校准。第二，经济性是标准仪表和传感器的重要考虑因素。鉴于目前的技术水平，作为标准传感器使用的传感器一般都是电阻应变式力传感器，商品级的最高精度力传感器是 HBM 公司的 Z4 系列和 C 系列 Top 级，其中 C 级传感器的精度等级可达 0.02。作为配套的标准仪表，最高精度等级的仍然是 HBM 公司的 DMP40 数字高精度测量仪，精度等级 0.0005，分辨率 1/2000000，即对于灵敏度为 2.0mV/V 的传感器，可显示传感器输出信号 0.000001mV/V。遗憾的是这种水平的测力仪技术仅仅掌握在极少数的公司手中，价格极高。

5.1.2　叠加式力标准机力值测量不确定度分析

文献[3]指出影响叠加式力标准机的力值不确定度的因素包括四部分：参考标准力传感器的力值测量不确定度、参考标准的长期稳定度、参考标准的温度影响、机器的工作台不水平度（压向力值）或上下拉头不同心度（拉向力值）。其中前三项其实都是关于标准测力仪的误差问题，最后一项是关于机器本身的误差问题，所以综合起来仍然是两项误差。关于"机器的工作台不水平度（压向力值）或上下拉头不同心度（拉向力值）"与上述关于机器误差的论述结论是一致的。上述位移或者变形控制误差，最终是反映到对标准传感器的输出控制上，只要位移控制灵敏度达到标准测力仪输出灵敏度水平，就可以认定这项误差包含在标准传感器里面了。

参考标准传感器的力值合成相对不确定度，叠加式力标准机的力值不确定度计算如下：

$$w_{c_1} = \left(w_{\text{fsm}}^2 + w_r^2 + w_{\text{rot}}^2 + w_{\text{res}}^2 + w_{\text{zr}}^2 + w_{\text{lp}}^2 + w_h^2 \right)^{1/2} \tag{5.8}$$

式中的各项含义列于表 5.1。

表 5.1 标准测力仪输出相对不确定度的影响因素及其定义

序号	影响因素	不确定度类型	分布形态	相对不确定度
1	用于检定测力仪的力标准机的力值相对扩展不确定度 δ_f（或力值相对极限误差）	B	正态	$w_{fsm} = \delta_f / 3$
2	标准测力仪的重复性 R	A	—	$w_r = R / 2.8406$
3	标准测力仪的复现性 R_{ot}	A	—	$w_{rot} = R_{ot} / 4.12$
4	测量仪器的分辨率 R_{es}	B	均匀	$w_{res} = R_{es} / 3.464\bar{x}$
5	零点恢复 Z_r	B	均匀	$w_{zr} = Z_r / 1.723\bar{x}$
6	内插误差 I_p	B	均匀	$w_{Ip} = I_p / 1.723$
7	逆程现象引起的滞后 H	B	三角形	$w_h = H / 2.4495$

式（5.8）中，

$$w_c = \left(w_{fsm}^2 + w_r^2 + w_{rot}^2 + w_{res}^2 + w_{zr}^2 \right)^{1/2} \tag{5.9}$$

为标准测力仪的合成相对不确定度。

长期稳定度的影响用 B 类方法进行评定，均匀分布，相对不确定度 $w_{sb} = s_b / 3.464$；参考温度的影响也用 B 类方法进行评定，均匀分布，相对不确定度 $w_{st} = s_t(t_2 - t_1) / 3.464$；关于机器的影响用 B 类方法进行评定，投影分布，相对不确定度 $w_1 = 0.3\delta F_1$（拉压向表达方式相同）。于是叠加式力标准机的力值相对扩展不确定度用下式表达：

$$W_{fcc} = 2w_{fcc} = 2\left(w_{c1}^2 + w_{sb}^2 + w_{st}^2 + w_1^2 \right)^{1/2}$$

只是在这个评定中，对于 δF_1 的认定，考虑到前述的正反馈，应该乘以加权系数 2。

小结：叠加式力标准机是在同一力场中将标准测力仪与被检测力仪的输出信号做比较；精密位移控制的实现是叠加式力标准机工作的必要条件。位移量值可以通过系统刚度调节；力值计量误差与其他种类的力标准机相比增加了标准测力仪的自身误差和因机器机械结构造成的标准测力仪的二次误差，所以误差因素增多；由于采用标准测力仪作为标准信号，设备的结构相对简单，体积较小。

5.2 叠加式力标准机的加载与控制

如 5.1.1 节所述，叠加式力标准机的精密力值控制取决于加载系统的位移控制能力。对于线性时不变系统，只要具有精密位移的控制能力，达到目标位移值就可以实现需要的精确力值。事实上时不变的线性系统是理想化的情况，在一般的工程应用中大多数构件可以做这样的简化处理，但在叠加式力标准机中就不适用了。换言之，在叠加式力标准机的工作控制中，必须考虑参与力标准机加载的所有构件的非线性和时变特征。时变特征大都来源于材料的滞弹性效应。

5.2.1 材料的滞弹性效应

　　所谓滞弹性是指在弹性范围内出现的非弹性现象[4]，包括弹性蠕变和弹性后效，也称弛豫现象。图 5.4 为应力、应变与时间的关系曲线，在 $\tau=0$ 瞬时对固体材料施加应力 σ_0，而材料产生的应变 ε 则是时间的函数，先到达 ε' 为瞬时应变，持续一段时间后又增加 ε'' 叫补充应变，是弹性蠕变；当应力取消以后，应变先是消失 ε'，过一段时间以后应变才完全消失，即所谓的弹性后效。

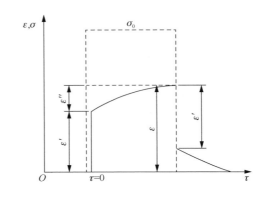

图 5.4　应力、应变与时间的关系

　　总应变为

$$\varepsilon = \varepsilon' + \varepsilon'' \tag{5.10}$$

它是时间的函数，应变总是滞后于应力。滞弹性在机械振动中是能量内耗的主要原因，而在叠加式力标准机的加载中是力值保持恒定的主要障碍。

　　材料的滞弹性与材质、温度等参数有关系，目前无法用准确的函数关系进行量化，但是实际现象表现为材料会随着时间的变化而在长时间内持续变化。图 5.5 是一组根据实验数据绘制的材料滞弹性效应示意曲线，它反映了材料应变随时间变化的现象和幅度情况[5]。利用一个由碳素结构钢制造的机械装置对一只测力传感器施加一个作用力（由传感器指示）后，对传感器输出变化的观察记录。由实验数据结果可见，施加载荷越大，力值变化也越大；力值的变化幅度与载荷施加的速度有关，速度越快，载荷停止施加后的变化也越快；一般载荷变化的幅度最大可达施加载荷量的 2%左右，载荷变化持续时间（包括弹性蠕变和弹性后效）可达一个小时，甚至更长。通常在前 5s 以内可以达到可变总量的一半以上。

　　试验结果表明，当对传感器施加载荷，并由机械装置承受，载荷并不完全遵循胡克定律（虽然在弹性范围内）。换句话说完全根据式（5.1）施加载荷，即使再精密的位移控制都无法一次实现准确的力值目标。必须符合以下两个条件才能完成力值的精确控制：一是位移控制精度足够高，二是必须不断补偿由于滞弹性效应造成的力值变化。

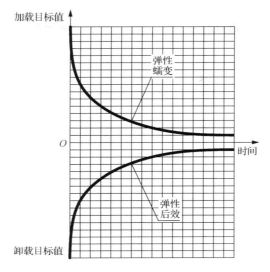

图 5.5 材料的滞弹性效应示意曲线

5.2.2 基于逆压电效应的微位移驱动与控制

根据目前已知的技术水平，能够克服相当负载实现最小位移控制的技术原理是基于物理学中的逆压电效应而制作的位移输出装置。

1. 压电陶瓷的逆压电效应与输出

晶体的压电效应是物理学中材料的一种电学现象，是指某些晶体材料在某方向上施加作用力时，晶体表面产生电荷的现象。电荷量的大小和方向与作用力成正比，电荷的聚集形成电场。反过来，如果对晶体材料施加电场，则材料会产生变形，这就是逆压电效应。具有压电效应的晶体材料有很多，目前用作致动器、产生较大位移输出的材料基本上是压电陶瓷材料[6]，主要是因为压电陶瓷材料具有较大的压电常数、较低的价格和较高的力学性能指标。

利用压电陶瓷的逆压电效应，制成克服负载输出位移的驱动器[7]，一般由多片陶瓷叠置构成，在外电场作用下，当运用逆压电效应时，其静态输出位移用下式表示：

$$\delta = -s_{33} \cdot \frac{P}{S} \cdot l \cdot n + n \cdot d_{33} \cdot U_3 \tag{5.11}$$

式中，s_{33} 为极化方向上压电陶瓷的弹性柔顺系数；P 为输出推力（实际上是驱动器受到的作用力）；S 为单个陶瓷片面积；l 为单个陶瓷片厚度；n 为陶瓷片数量（层数）；d_{33} 为极化方向上压电陶瓷的压电应变系数；U_3 为作用电压。图 5.6 是压电陶瓷微位移器，晶片叠置克服负载 P 产生位移的示意图。

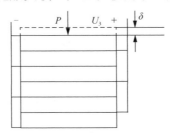

图 5.6　压电陶瓷微位移器

式（5.11）给出了压电陶瓷微位移器的输出位移与其输出推力之间的关系，以及影响这种关系的因素。显然，它不但可以作为位移输出装置以获得精确的位移值，也可以作为力输出装置用以精确控制输出推力。由式（5.11）有

$$P = \frac{n \cdot d_{33} \cdot U_3 - \delta}{s_{33} \cdot l \cdot n} \cdot S \qquad (5.12)$$

从式（5.11）和式（5.12）可以看出，静态输出位移和输出推力都与作用电压成正比，都可以通过控制电压达到精确控制输出的目的。由于现代电子技术对于电压的控制可以到十分精密的程度，因此获得的输出位移也同样十分精密。目前，以纳米位移为输出最小单位，已经应用的十分广泛了。当然获得很大的输出位移并获得很大的输出推力则是需要解决的技术难题。

由于外部作用力的原因，微位移器的输出位移可能是负值，即器件的尺寸小于自由状态的尺寸，这是器件本身的变形所致。微位移器的输出位移一般在去除受外力作用下器件本身的变形后，才可能会有输出位移与输入电压成正比的关系。这对于在叠加式力标准机上的应用是可以认为没有影响的，因为粗加载（见 5.3.1 节）已经对压电陶瓷器件施加外部作用力了。

2.　力学与电学性能

压电陶瓷用作力输出装置，必须首先考虑材料的承载能力，即抗压强度。通过分别对直径 55mm 和直径 30mm 的圆形截面某型号压电陶瓷材料晶片在极化方向短路条件下进行静态抗压强度试验，结果表明其抗压强度可达 $\sigma_b \approx 460\text{MPa}$。由于压电陶瓷晶片属于脆性材料，晶片截面尺寸越大，越难以制作，又较易碎裂，因此目前晶片尺寸不宜过大，也不宜过薄。但是在小断面尺寸条件下，薄片材料制作的致动器，需特别工艺制成压电叠堆。

根据式（5.11），要实现较大的空载输出位移可以通过增多层数 n、加大作用电压 U_3 和选用压电应变系数 d_{33} 较大的材料达到目的。受技术水平限制，目前压

电陶瓷材料的参数 d_{33} 最大值是 500 左右，有报道称可以做到 1000。即使如此，最大可能的变形量是材料在极化方向材料尺寸的千分之一左右。在材料确定后，解决变形（位移）输出的途径只有增多层数和增大电压两条途径。关于增大电压，受限制于材料的极化强度，一般材料的极化强度约为 5000V/mm；增多层数 n，势必增大结构尺寸。为此出现了以薄片叠置的压电叠堆，供以较低电压驱动，由此可以达到供电电压数十至一千伏特的电压，输出较大的位移，并能克服一定的负载。随着

压电技术的发展进步，近年来已经出现更多的高性能压电叠堆商品了，最大供电电压 1000V DC，输出变形 100μm，承载能力 50kN，图 5.7（a）为压电叠堆内部串联电极的照片[8]，图 5.7（b）为哈尔滨明天科技有限公司生产的一种压电叠堆，材料的参数见表 5.2，柱形压电叠堆的性能参数见表 5.3。

（a）　　　　　　（b）

图 5.7　压电叠堆

表 5.2　压电叠堆材料参数

材料参数	参数值
压电常数 d_{31}/(pm/V)	−275
压电常数 d_{33}/(pm/V)	+680
相对介电常数 ε	3800
居里温度/℃	215
密度/(g/cm^3)	7.83
弹性柔顺常数 S_{33}/(10^{-12}m^2/N)	23

表 5.3　柱形压电叠堆的参数

柱形型号	最大/标称位移 /(1±15%)μm	长度/mm	静电容量 /(1±20%)nF	刚度 /[(1±10%)N/μm]	谐振频率 /kHz	最大推力 /N
PSt500/10/15	24/18	18	180	130	30	4000
PSt500/10/25	35/25	27	340	90	25	4000
PSt1000/10/5	12/7	9	20	300	60	4000
PSt1000/10/15	24/18	18	45	150	40	4000
PSt1000/10/25	35/25	27	85	100	30	4000
PSt1000/10/40	55/40	36	110	75	25	4000
PSt1000/10/60	80/60	54	170	50	20	4000
PSt1000/16/20	27/20	18	150	400	40	12000

柱形型号	最大/标称位移 /(1±15%)μm	长度/mm	静电容量 /(1±20%)nF	刚度 /[(1±10%)N/μm]	谐振频率 /kHz	最大推力 /N
PSt1000/16/40	55/40	36	360	200	25	12000
PSt1000/16/60	80/60	54	540	120	20	12000
PSt1000/16/80	105/80	72	720	90	15	12000
PSt1000/25/40	55/40	36	800	450	25	25000
PSt1000/25/60	80/60	54	1250	300	20	25000
PSt1000/25/80	105/80	72	1700	200	15	25000
PSt1000/35/40	55/40	36	1600	1000	25	50000
PSt1000/35/60	80/60	54	2500	600	20	50000
PSt1000/35/80	105/80	72	3300	450	15	50000

3. 压电陶瓷力发生装置

鉴于压电效应原理可以产生微小位移，据此可以制作致动器，假如它能够承受足够大的载荷，那么用作叠加式力标准机的驱动装置是一种理想的选择。不仅可以解决微小位移的实现问题，而且因为位移输出和控制都是通过控制电压实现的，可以较容易地实现微小位移的控制。

然而即使是目前最大推力的压电叠堆（或者压电致动器）其输出推力也只有50kN，这对于叠加式力标准机上的应用是不够的，为此采用特别的工艺手段制作并联组合压电叠堆以获得更大的推力。输出推力 2MN 的压电叠堆已经获得应用[9]，获得较大的输出推力，可采用多组压电装置的叠加实现，如图 5.8 所示。关键问题是并联的若干个压电装置同步输出克服同一负载的同步性能力。

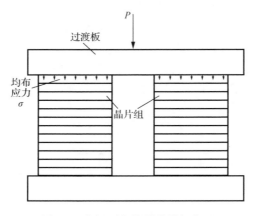

图 5.8　多组压电装置的叠加实现

作者设计的输出推力 3MN 的叠加式力标准机上应用的压电装置应用于广东省计量科学研究院，并获得广东省科技进步奖；作者也已经获得实用的最大输出推力的压电陶瓷力发生装置达到了 5MN 以上。图 5.9 是应用于中国测试技术研究院的 3.6MN 压电陶瓷驱动叠加式力标准机，相对扩展不确定度为 $(2\sim3)\times10^{-4}(k=2)$。

图 5.9 3.6MN 压电陶瓷驱动叠加式力标准机

4. 应力状态

在非均布载荷状态下，假设晶片材质是均匀的，外加电压也是均匀的，根据积分学原理，器件上任意点处的位移输出可以根据式（5.1）表示为

$$\delta_D = (-S_{33} \cdot \sigma_D \cdot l + d_{33} \cdot U_3) \cdot n \tag{5.13}$$

式中，δ_D 为任意点处的位移；σ_D 为变形点处的应力。由式（5.13）可得

$$\sigma_D = \frac{d_{33}}{l \cdot S_{33}} U_3 - \frac{\delta_D}{n \cdot l \cdot S_{33}} \tag{5.14}$$

组合结构的压电陶瓷力发生装置，其最大应力在任一点处都不应该超过许用应力。根据机械设计理论，结合试验和应用数据，许用应力宜取抗压强度的 20%以下。按照这个数据设计制造的压电陶瓷力发生装置应用 20 年没有发现问题。

作者发明了一种可以承受 10kN～10MN 载荷的压电陶瓷微位移驱动器的结构和制作方法[10]，它由 M 组特制的压电组件并列组成，其中每组压电组件的组成原理如图 5.10 所示。

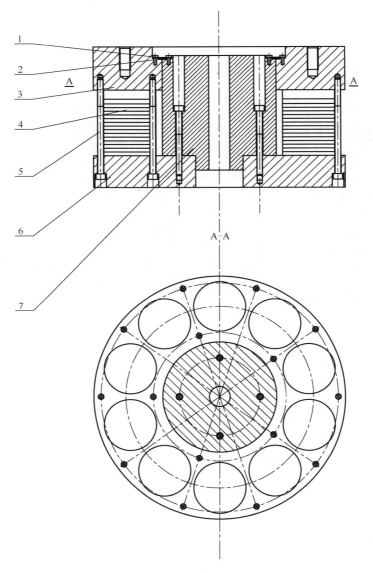

图 5.10　压电陶瓷微位移驱动器组成结构图

1-螺钉；2-弹性膜片；3-上压板；4-压电组件；5-紧固螺钉；6-下压板；7-定位套

首先由 N（$N \geqslant 3$）组尺寸和性能相同的压电组件在一平面上沿圆周向均匀分布，上下端面均与具有平面的压板接触，上下压板之间用细长螺钉紧固。上下压板由定位套定心，上压板与定位套用弹性膜片通过螺钉连接，使上压板与定位套留有微小间隙，保证压电组件变形时上压板与定位套不发生接触。连接紧固上下压板的细长螺钉及其他构件距离压电组件的最小距离不小于 5mm。如此构成一个压电陶瓷微位移驱动器主体结构，压电组件结构图如图 5.11 所示。然后如果承载能力还需要增大时，再采用 m 圈（$m > 2$）组合方法，即在一个环形压板平面上放置 N（$N \geqslant 3$）组尺寸和性能相同的压电组件，使其沿圆周向均匀分布，构成一个环形微位移驱动器部件。最后将 m 个环形微位移驱动器部件以大环套小环的方式安装，两个环形件之间用滑动配合形式接触。全部微位移驱动器部件的一个端面放置在一块平板上，并紧固，图 5.12 为一载荷能力 5MN 的压电微位移器。

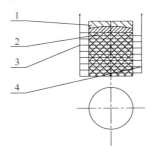

图 5.11　压电组件组成结构图

1-球面垫圈；2-压电陶瓷晶片；3-铜箔负电极；4-铜箔正电极

　　特制的压电组件是由 $2n$（$n > 1$）片尺寸相同的圆盘形压电陶瓷晶片沿晶片轴线方向叠置组成的圆柱形构件，且压电陶瓷晶片轴向极化，按同极性接触原则叠放，每两片之间夹有厚度为 0.03～0.06mm 的紫铜箔，铜箔的厚度均匀。圆柱形构件的端部放置一直径与晶片直径相同的球面垫圈。由压电陶瓷晶片、铜箔、球面垫圈组成压电组件的核心部分，并在施加额定载荷 10% 的预紧力压实的条件下，在露有晶片的周围涂抹绝缘和防电晕硅胶。结构尺寸和承载能力按照经验公式计算。

　　单个压电组件的额定承载能力：

$$P_i = A \cdot 80 \tag{5.15}$$

式中，A 是压电组件的断面积，也是压电晶片端面的理论面积，mm^2。

　　微位移驱动器承载能力：

$$P = M \cdot P_i \tag{5.16}$$

式中，M 是微位移驱动器全部压电组件的数量。设计时，压电器件的额定载荷 P_n 不得大于 P。

　　大负荷能力的微位移驱动器承载能力的实现必须满足辅助条件，即对驱动器施加作用力必须通过上下两个平面底板进行，平面底板的厚度 H 按下式计算：

$$H > \frac{1}{5}D \tag{5.17}$$

式中，D 是最外圈压电组件分布圆的直径。

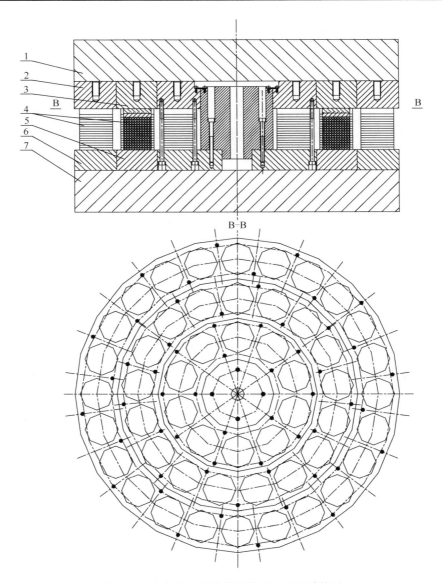

图 5.12　大负荷压电陶瓷微位移驱动器结构图

1-上压板；2-环形压电陶瓷微位移驱动器上压板 1；3-环形压电陶瓷微位移驱动器上压板 2；4-压电组件；
5-环形压电陶瓷微位移驱动器下压板 1；6-环形压电陶瓷微位移驱动器下压板 2；7-下压板

5. 驱动与控制

1）单向驱动

驱动和控制是压电器件克服负载输出位移的一个必要条件，压电陶瓷器件可以简化为一个电容器与一个电阻串联，于是单向驱动的压电器件简化的等效电路图如图 5.13 所示，电源 E_1 沿着极化方向对压电器件施加正向电场（场强始终为正），B 点与 A 点的电压 U_3。根据式（5.13），U_3 与输出位移的关系如图 5.14 所示，如果不考虑滞后现象（实线），二者基本上呈正比关系（虚线）。由于通常采用闭环控制，因此滞后不会出现对输出位移的影响，也不会影响作用力。

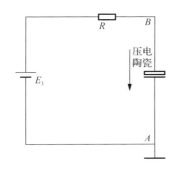

图 5.13 等效电路

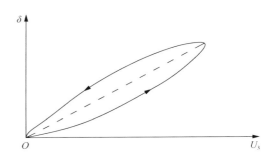

图 5.14 U_3 与输出位移的关系

目前，产生和实现驱动电压 U_3 的驱动电源，已经商品化了[8]，并可以做到数字量信号输入输出控制，直接与计算机相连接。

2）双向驱动

压电陶瓷致动器的双向电源驱动[11]可以有效增大输出位移，理论上是单向驱动的 2 倍。在式（5.11）中，设 $P=0$（即空载），则当对压电致动器只有 $+U_3$ 作用时，其位移输出为

$$\delta^+ = n \cdot d_{33} \cdot U_3 \tag{5.18}$$

而当对压电致动器只有 $-U_3$ 作用时，它的位移输出为

$$\delta^- = -n \cdot d_{33} \cdot U_3 \tag{5.19}$$

于是当对压电致动器施加的电压范围从 $-U_3$ 到 $+U_3$，则其输出位移的总变化量为

$$\delta^+ - \delta^- = 2n \cdot d_{33} \cdot U_3 \tag{5.20}$$

可见双向电压作用下的压电致动器的空载位移是单向电压作用时的 2 倍。因此双向电压驱动是提高压电致动器位移输出的有效方法。

对压电致动器施加双向电压可以采用双电源供电方式，如图 5.15 所示。正向与负向两个电源 E_1 和 E_2 在零点处通过开关 S_1 和 S_2 进行切换，两个电源分别实现双向位移输出驱动。

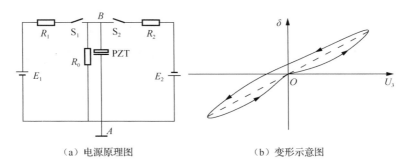

（a）电源原理图　　　　　　　　　（b）变形示意图

图 5.15　双电源供电示意图

当然，也可以不采用切换开关的工作方式[11]，即图 5.15 中取消开关 S_1、S_2，根据基尔霍夫定律，点 B 和点 A 之间的电位差（也即 U_3）为

$$V_{BA} = E_1 - \frac{E_1 + E_2}{R_1 + R_2} \cdot R_1 \tag{5.21}$$

式中，E_1 和 E_2 均为绝对值，忽略泄放电阻 R_0。可见，连续改变两个电源的输出，即可以达到连续调节 V_{BA} 的目的。当然如果固定一个电源改变其中的一个，同样可以达到调节输出电压的目的。比如，以 E_1 为变量，假设使得最高正负电压相等，正负电动势相等，则应当满足条件 $R_2=2R_1$，前提是最高电压不得高于击穿电压。

基于上述分析讨论，基于逆压电效应的压电陶瓷力发生装置，作为一个执行装置，相当于一个独立使用的压电叠堆。由于采用合适的技术措施，承载能力足够大，输出位移足够大且可以精密控制，它的全寿命周期工作过程中无须人工做任何干预，即无须维护，实现了免维护的目标。使用只需要给出控制电压信号，操作简单。

5.2.3　帕斯卡连通器液压式微位移控制

1. 基于连通器的微位移产生方法

在叠加式力标准机上产生机械微位移的另一种方法是利用静压传动原理，它是建立在帕斯卡原理基础上，运用液压传动输出载荷大和液压传递介质刚度较低的特点，由液压油缸输出精密位移的技术方法。

液压式微位移驱动的传动方式本质上是改变连通器内的液体体积，假设液体不可压缩时，柱塞式液压缸的位移量符合下式：

$$\delta = \frac{\Delta Q \cdot \Delta t}{A} = \frac{4\Delta V}{\pi D^2} \tag{5.22}$$

式中，ΔQ 为控制流量；Δt 为产生位移 δ 所需要的时间；A 为柱塞面积。可见改变流量 ΔQ 或者时间 Δt 都可以达到改变位移的目的，实际运用中多采用控制流量的办法。根据流量 ΔQ 的实现方法不同，可以有不同的结构和液压控制形式，归纳为图 5.16 的三种。

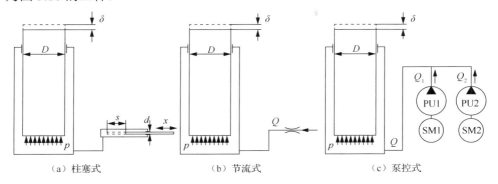

图 5.16 液压传动微位移输出方式

PU-液压泵；SM-电动机

图 5.16（a）为柱塞式流量控制模式，计算流量：

$$\Delta Q_a = \frac{\pi d^2}{4} \cdot \frac{\mathrm{d}x}{\mathrm{d}t} \qquad (5.23)$$

式中，d 为微小柱塞的直径；x 为小柱塞的位移。可以控制的流量最小值取决于小柱塞直径的运动速度。当二者都很小时，可以获得很小的流量，因而输出很小的位移 δ，实现的叠加式力标准机精度等级可达 0.02。

图 5.16（b）为节流阀式流量控制模式[12]，计算流量：

$$\Delta Q_b = C \cdot \Delta p^n \qquad (5.24)$$

式中，C 是节流阀系数；Δp 是节流阀两端的压差；n 是指数系数。一般 C 和 n 是常数，通常通过改变节流孔的通流面积达到改变流量的目的。由于通流面积总是有限的，所以通过节流阀方式控制流量实现微位移控制的精度较低，这种方式在叠加式力标准机上只在精度等级不高于 0.1 时才可以使用。

图 5.15（c）为泵控流量控制模式，

$$\Delta Q_b = Q_1 + Q_2 = q_1 \cdot n_1 + q_2 \cdot n_2 \qquad (5.25)$$

式中，q_1、q_2 分别是两个泵的排量；n_1、n_2 分别是两个泵的转速，并由伺服电动机驱动液压泵用以精密控制转速。由于泵的排量是常数，当其中一个为反转时，二者的差值实质上取决于伺服电机转速的控制精度，由于伺服电机的调速范围很宽，速度控制的分辨率和精度较高，从而可以实现很小的流量量值，达成控制微小位移的目的。标称的可实现叠加式力标准机的精度等级也可达 0.02。这种方式还有一个最大的好处就是，载荷的施加可以是利用同一套液压系统完成，无须分开成粗、精加载两个工作部分。因为伺服电机具有很宽的调速范围，可达 1：100000。

上述液压传动式微位移系统都是建立在连通器原理基础上，液压缸没有泄漏，为此液压缸必须采取相应的密封方式，这必然会产生摩擦。尽管如此，由于侧向力可以不考虑，在精密位移控制时，可以认为系统没有机械位移而只是弹性变形，所以简化成如图 5.2 的力学模型。与机械式结构不同的是液压系统的刚度较低，在同样尺寸下只有钢结构的 1/150～1/100[9]，这相当于刚度 k_3 很小，因而对驱动系统的最小位移需求大大降低了，这对于实现标准传感器的微小位移需求十分有益。同样体积情况下，液压加载系统需要的机械运动输入位移可以增大 100 倍以上，而获得的力值分辨率相同。假如采用机械加载方式获得力值分辨率需要的位移为 10nm，而采用液压系统加载需要的位移达到了微米级以上，这对于一般的加载系统都可以做到。实践证明，这种方法用于 0.02 级的叠加式力标准机的计量检定可以满足要求。采用液压加载方式还有另外的优点，就是大载荷情况，目前已经有报道可以实现 60MN 载荷。作者自己研制的叠加式力标准机 20MN（用于中航电测股份有限公司）即采用了第一种方法，准确度等级达到 0.1。

2. 其他形式的微位移产生方法

能够产生微小位移的其他方式包括热膨胀、磁致伸缩等物理效应，但是由于热量的大惯性和传导性，应用于叠加式力标准机上极大降低工作效率，同时还必须采取隔热措施，所以尽管在俄罗斯采用油热方式加载，中国也曾经巨资引进，但无法实际应用。利用磁致伸缩效应势必使得工作系统处于强磁场影响之下，由于一般机械结构都是导磁体，所以未见应用。

5.2.4　全程载荷的施加问题

由如图 5.2 所示的模型可知，实现叠加式力标准机的满量程载荷需要的位移作用总量为

$$\Delta x = \Delta x_1 + \Delta x_2 + \Delta x_3$$

这个变形的总量值包含标准传感器、被检传感器、加载系统的变形，一般电阻应变式传感器弹性元件的最大变形量在 0.2～0.7mm，加载系统的变形量对于机械加载方式，采用大刚度原则，变形量为传感器变形的 1～2 倍，由此可知，整个加载过程中，加载系统需要的输出位移量在毫米级的水平。这个大位移范围与力值精确控制需要的微量位移相比形成了巨大的反差，位移范围竟然可达到 $1：10^{12}$ 以

上。因此，在叠加式力标准机的工作范围内，载荷的施加都宜于采取粗加载和精加载两个过程。鉴于力标准机工作时模拟静重式力标准机的有级加载方式，那么加载过程就可以在接近载荷目标值之前采取粗加载方式，以加载速度为主要目标；在接近目标值以后采取粗加载方式，以精密控制力值及其变化为目标。图 5.17 为加载过程曲线，以某一级力值 F_1 为目标，在时间 t_1 范围内，快速施加载荷，完成该级力值的绝大部分 F_{10}，然后在 t_3 时间内补足剩余量 ΔF_1。其中，$\Delta F_1 F_1 \geqslant 1\%$ 为宜，$t_2 - t_3$ 为稳定与保持时间，$t_1 + t_2$ 为一级载荷的加载时间。t_3 时间内进行补足力值的过程中，可能会出现力值波动，最大超调 ΔF，这相当于静重式力标准机施加载荷过程中的逆负荷。控制时，应该保证 ΔF 不宜过大，以不大于当级载荷的 1%较为妥当。

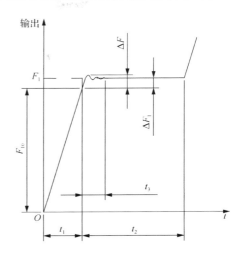

图 5.17　加载过程曲线

　　这个力值补足过程，即采用上述精密位移控制措施予以解决。而 t_1 时间内的粗加载，则大可不必局限于某种加载形式。假如上述精密加载方式可以实现全程加载就不必再考虑其他办法。事实上精密加载方式仅限于系统刚度 k_3 较小的加载系统，比如双泵液压加载。对于其他精密加载方式，可以采用机械的、液压的、气动的等各种施加载荷的办法。

　　小结：叠加式力标准机的精密位移可以有多种实现方法，其中建立在逆压电效应基础上的压电陶瓷力发生装置，是一种独创的高精度、高效率输出精密位移的技术措施，特别适合于需要以高刚性机架为支撑的叠加式力标准机精密加载情况，具有目前世界上可实现的最小位移能力，因而也具有最好的力值分辨率，是目前可以实现最小力值分辨的最有效方法。叠加式力标准机的加载宜采取粗加载和精加载两个过程相结合的方式。

5.3　叠加式力标准机的设计与应用实例

　　建立在图 5.2 力学模型基础上，把施加载荷分成粗加载和精加载两部分，建立如图 5.18 所示的叠加式力标准机传动系统。其中力标准机自身的主要部分是机架、机械加载传动系统、压电陶瓷力发生装置，它们作为力源，并分别是粗加载部分和精加载部分。标准传感器以及配套的仪表是其工作进行比对的标准器。

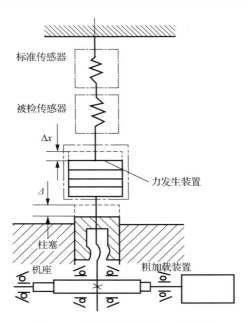

图 5.18　叠加式力标准机传动系统

5.3.1　粗加载方式

　　这里阐述的粗加载是指采用机械加载方式，通过机械传动系统产生一个直线位移（图 5.18 中 Δ），它是构成载荷 $P=k_3\cdot\Delta x_3$ 的主要组成部分，即图 5.3 中总变形 $\Delta x_3=\Delta+\Delta x$，$\Delta x$ 是精密加载输出的位移，一般 $\Delta x/\Delta x_3\leqslant 1\%$。理论上，只要结构足够大，机械加载方式可以输出任意大小的位移，即承受任意大小的负载。但是受性价比、单位质量的结构输出载荷能力等因素的影响，根据实际应用经验，5MN 以下载荷的叠加式力标准机在能够解决微位移精加载的情况下，采用机械加载方式是较为合理的选择，采用机械加载方式，机械结构类似于电子万能试验机。机械传动方式中的直线运动可以采用滚动摩擦副；回转运动传动可以采用同步齿形带；轴承都采用滚动轴承。鉴于所有相对运动均采用滚动摩擦副，且滚动摩擦副目前已经可以做到自润滑，全寿命周期内无须人工干预，所以机械加载系统可实现工作免维护的目标。加之可以充分运用伺服电机驱动与现代电子控制技术，实现机器工作的自动化、智能化更为容易，使得具备"傻瓜式"操作创造有利条件。此外，它还具有占地面积小、噪声小等优点。

5.3.2　利用压电陶瓷的机械加载叠加式力标准机

　　图 5.19 为机械加载叠加式力标准机的主机结构组成示意图，力标准机的主机是负荷的承受体和施力执行装置。标准的和被检的测力仪正确地安装于主机上之

后，由控制器控制施力执行机构工作，以完成测力试验任务。主机的机架必须在规定的负荷范围内能够保证测力仪（传感器）正确的受力作用位置，以保证测量精度。主机中的驱动机构是力标准机粗加载过程的执行机构。同样根据不同的规格和用户需要，有不同的工作方式。通常，负荷在 5MN 以下的设备采用机械传动方式，即由伺服电机驱动传动系统，将伺服电机的回转运动进行转矩放大以后，经滚珠丝杠螺母机构实现直线运动，完成加荷工作。

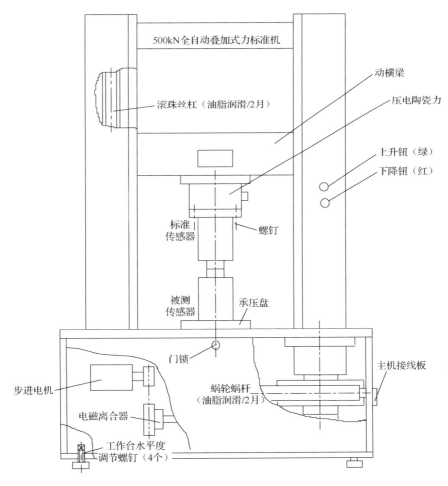

图 5.19　机械加载叠加式力标准机的主机结构组成示意图

　　叠加式力标准机的工作过程是由控制系统完成的，图 5.20 为采用压电陶瓷力发生装置的机械加载叠加式力标准机的工作原理图。设备的工作过程按照预先编制好的程序和参数控制实现，并完成数据处理。控制器的主要部分是专用控制电路、控制电动机驱动信号电路、压电陶瓷力发生装置控制电路、信号处理、反馈控制电路等。

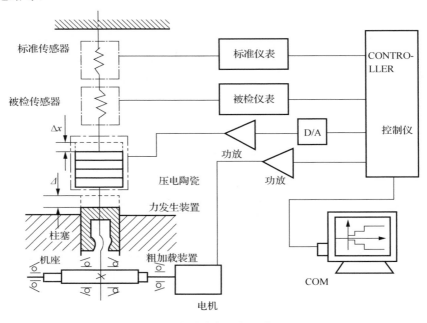

图 5.20　叠加式力标准机工作原理图

控制器的组成和控制原理如图 5.21 所示。工作时，先按照程序和控制参数，以标准测力仪的输出作为反馈信号，控制标准机上的粗加载装置（由电动机驱动）施加力值，当达到压电陶瓷力发生装置的调整范围之后，再将控制转向力值微调稳定。通过控制电路控制作用于压电陶瓷力发生装置上的电场强度大小，改变其产生的变形量，从而实现对力值的精密跟踪控制。同时完成对被检仪表的测试记录和处理工作。测量的数据和处理的结果送显示器、存储器和其他输出装置。

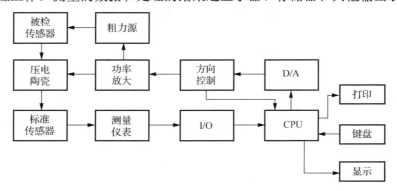

图 5.21　控制器的组成和控制原理图

运用压电陶瓷力发生装置的叠加式力标准机的主要规格性能如下。

（1）规格：10kN、20kN、50kN、100kN、200kN、500kN、1000kN、2000kN（拉压双向）、3000kN（拉压双向）、5000kN。力值加载范围：额定力值的1%～100%。

（2）力值准确度等级：0.02。

（3）力值调节灵敏度：标准仪表的1个读数（1D）。

（4）力值波动度：<0.03%。

（5）力值稳定时间：任意。

（6）可以实现的检测项目：负荷传感器及其他测力仪的非线性、重复性、滞后和蠕变等；满足用户对检验项目、数据处理方法等的特殊要求。

（7）工作方式：工作过程可实现手动、半自动、自动方式运行，其中自动运行包括自动施加载荷、自动控制和稳定力值的大小、自动采集和处理数据，并打印输出。它可以将数据结果曲线实时显示在屏幕上，并可以将数据存储在磁盘上。对负荷传感器的检测符合传感器检定规程的要求。

（8）工作效率：以压电陶瓷力发生装置为精密力源的叠加式力标准机，工作效率基本上遵循计量检定规程对传感器在试验过程中加荷时间的要求。但为满足负荷传感器生产者高效率的要求，本机器具有在满足一定精度要求的前提下，对传感器快速试验的功能。除自动工作方式外，还可以用手动方式工作。

（9）设备的安装：无须专门基础。

图 5.22 和图 5.23 分别为工作界面和输出表格示例。图 5.24 为采用压电陶瓷的机械加载叠加式力标准机。

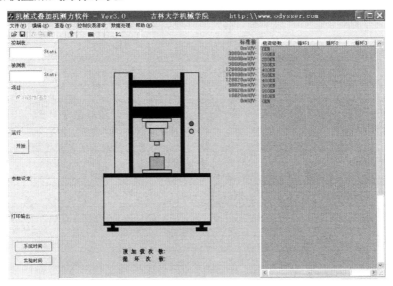

图 5.22　工作界面

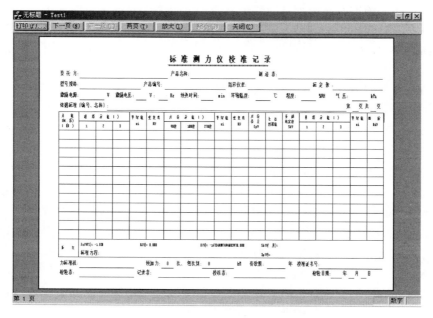

图 5.23　输出表格

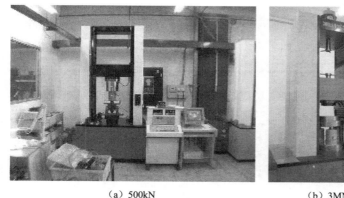

（a）500kN　　　　　　　　（b）3MN　　　　　　（c）1MN

图 5.24　采用压电陶瓷的机械加载叠加式力标准机

5.3.3　利用液压传动方式的叠加式力标准机

对于液压加载式力标准机，采用连通器方式加载的叠加式力标准机是最早得到应用的一种[12]，有自动控制和手动控制之分。作者提出和运用的液压加载方式，一般将粗加载和和精加载二者结合，利用同一套系统实现，但是专门设置精加载的硬件系统和软件系统。图 5.25 为采用液压加载、液压微位移控制的液压原理图，其基本原理属于图 5.15（a）类型。工作时，由伺服电机驱动的液压泵 5 向主油缸 1 输出液压油实施粗加载；由伺服电机 7 经减速装置 8 带动控制油缸 6 完成精密载荷的调节与控制。实验表明，控制油缸 6 的输出有效液体体积相当于满载荷的 1%即可以满足除蠕变试验以外的力学性能试验；如果要进行蠕变试验，则必须由伺服电机 7 在蠕变试验进行时做控制油缸 6 液压油补偿，即将柱塞缩回的同时向液压油缸补充压力油。这个补偿过程应该在不进行数据采集的间隙内完成。补偿过程势必会产生力值波动，不过实验和应用结果表明，至少对于 C 级传感器的计量测试不会造成有影响的误差。

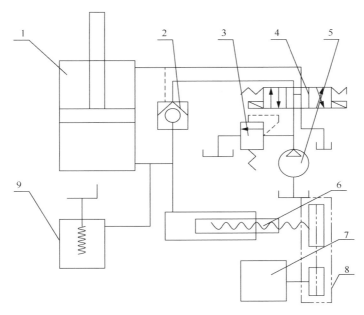

图 5.25　液压原理图

1-主油缸；2-单向阀；3-溢流阀；4-3 位 4 通电磁换向阀；5-液压泵；
6-控制油缸；7-伺服电机；8-减速装置；9-手调器

图 5.26 为生产中使用的 20MN 拉压双向叠加式力标准机。这是一种具有辅助装卸工件功能的大载荷机器，精度等级 0.1。

该设备参数如下。

（1）油缸直径：1000mm。

（2）额定工作压力：25MPa。最大流量：40L/min。

（3）油缸移动速度：50mm/min。

（4）净工作空间：1200mm（宽）×2000mm（高）。

（5）主机外形尺寸：2137mm（长）×1648mm（宽）×7234mm（高）。

图 5.26　20MN 拉压双向叠加式力标准机

（6）质量：约 70t。

（7）功率：约 30kW。

基本性能指标如下。

（1）力值范围：2～20MN（压向），500kN～5MN（拉向）。

（2）力值准确度等级：0.1（2～20MN）。

（3）加载时间：符合《称重传感器检定规程》（JJG 669—2003）要求。

5.4　负荷传感器试验的柔性加荷方法

如前所述，叠加式力标准机工作的基本要素是由精密位移控制达到精确力值复现的目标，前提是刚度一定。对于线弹性的时不变系统，这就足够了。为了达到精确力值目标，位移与刚度是对立统一的。在精密位移精度难以满足要求时，减小刚度自然可以降低对位移精度的要求，这也是液压加载方式能够满足力值精确控制的主要原因。

一般来说，采用叠置加荷方式进行负荷传感器的负荷特性试验时，由于在各级标准力值附近加荷速度相对较慢[13]，数据采集过程时间内加荷装置通常处于静态。加荷装置的力学模型如图 5.27 所示。图中，k_1 为标准传感器的刚度，k_2 为被检传感器的刚度，k_3 为除传感器以外系统的综合结构刚度，Δx_1 为标准传感器的变形量，Δx_2 为被检传感器的变形量，Δx_3 为除传感器以外系统结构变形量，Δx 为施力装置的位移量，v 为施力装置运动速度，P 为系统受力。式（5.1）说明，减小加载装置的位移输出最小量值可以实现精密控制力值，除此以外，还可以通过降低加荷系统的刚度，达到降低加荷装置的输出位移最小量的目的。

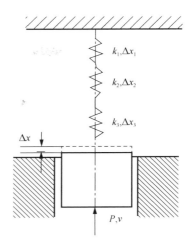

图 5.27　加荷装置力学模型

以常见的满量程输出读数 $D=200000$，$\Delta x = 2\text{mm}$（叠加式力标准机系统通常如此）为例，最小可实现位移量必须达到

$$d\Delta x = \Delta x / D = 10\text{nm}$$

如此小的微量位移，一般的机械系统是无法实现的。而假如满负荷时系统最大位移为 $\Delta x = 200\text{mm}$，则最小可实现位移量只需达到

$$d\Delta x = \Delta x / D = 1\mu\text{m}$$

这样的位移分辨率采用一般的机械传动就可能实现。可见，减小系统刚度后，即使机构可实现的最小位移较大，仍可以满足力值微量调节的需要。同时不难看出，若刚度减小，任何干扰因素导致的位移变化对力值的波动变化影响将会减小。这种通过减小系统的刚度来保证和提高加载的精度和稳定性的方法称为柔性加荷方法。

减小系统刚度即减小 k_3，显然任何可以减小刚度的方法，只要在结构上能够实现，既保证承载能力，同时变形与系统加载方向一致，都可以采用。一种实现柔性加荷的方法是利用如图 5.28 所示的压缩空气弹簧。压缩空气密封在上下两块圆形钢板之间，周围用柔性材料连接，这种材料在受力方向刚度极小。在上下两块圆形钢板之间设置机构，以保证受力作用时运动方向始终沿着受力方向。

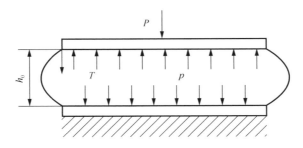

图 5.28　压缩空气弹簧

设初始充气压力为 p_0，空气弹簧的承压面积为 A，作用于空气弹簧上的作用力为 P，气体被压缩后其压力为 p，根据气压传动原理有

$$P = (p - p_0)A \tag{5.26}$$

设压缩空气弹簧的刚度为 K，位移 Δx 产生的作用力增量为 ΔP，则有

$$\Delta P = K\Delta x \tag{5.27}$$

又由于

$$\Delta P = \Delta pA = (p - p_0)\Delta V / \Delta x$$

式中，ΔV 为位移 Δx 引起的体积变化。因此有

$$K = A\Delta p / \Delta x \tag{5.28}$$

设气体压缩过程是等温过程，根据气体状态方程式

$$p_0V_0 = pV$$

可得

$$K = A(p_0 + \Delta p) / h_0 = pA / h_0 \tag{5.29}$$

假设 h_0=200mm，p_0=500000Pa，p=1500000Pa，A=0.5m^2，则 K=3750000N/m；压力增大（$p-p_0$）所产生的作用力 P=$(p-p_0)A$=500kN，位移 Δx=P/K=130mm。采用通常的加载结构，若设满量程（500kN）变形 2mm，则其刚度 K=250000000N/m。可见正确的设计可以达到承载能力要求，刚度可以是普通机构的数百分之一。按照式（5.29），根据实际需要，设计时可以通过改变空气弹簧结构尺寸（A、h_0）、初始及使用压力达到改变刚度的目的。式（5.29）同时指明，这种利用空气弹簧减小刚度的方法，随着施加载荷的变化和压力变化，刚度也是变化的。为使加载速度恒定，必须适时调整加载机构的位移速度，这在技术上是没有障碍的。

通过一个加载机构对串联安装的传感器和空气弹簧施加载荷，试验装置如图 5.29 所示。空气弹簧是一个初始充气压力为 200000Pa 的气囊，承力面积为 0.1m^2。无空气弹簧时的系统刚度测得为 4100N/mm，有无空气弹簧时的系统刚度比约为 90。试验旨在验证通过减小刚度提高和保证叠置加荷过程中的力值稳定的有效性、技术实施的可行性。试验方法是：初始稳定条件下，以同样的转速转动加载机构一定角度，分别观察记录有无空气弹簧时的传感器输出；以同样的时间施加近乎相等的载荷，分别记录有无空气弹簧时的传感器输出。

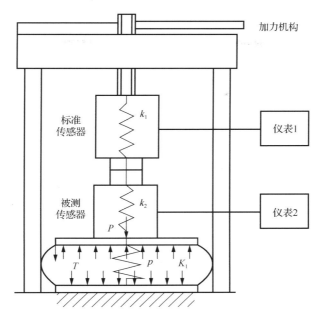

图 5.29　串联安装的试验装置

图 5.30 绘出了在同样的时间施加近乎相等的载荷，有无空气弹簧的标准传感器输出与时间的关系曲线。可见，无空气弹簧时的输出随时间变化速度远远高于有空气弹簧时的情况，变化幅值大和变化时间长。即施加的力值有空气弹簧时较稳定。可见通过减小加载装置系统刚度，即增大柔性，可以提高加荷稳定性，使力值随时间变化的速度慢、幅值小，这种变化与系统刚度成正比；通过减小系统刚度的柔性加荷方法可以降低对精确位移的依赖，施力装置即使不具有控制精确位移的能力，仍可以使标准仪表的输出稳定在标准值处。

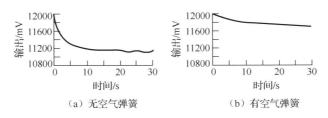

图 5.30　在相同时间内施加相等载荷叠置加荷系统有无空气弹簧时的传感器输出

小结：叠加式力标准机在两种情况下应用了柔性加荷原理，液压式力标准机和利用压缩空气施加载荷的叠加式力标准机，前者在实际应用中比较常见。

5.5　超大力值的校准

目前，力的国家基准最大值是 20MN，这里把超过 20MN 的力值定义为超大力值。对于超大力值的传感器和力值的校准、传递，推荐采取传感器并联的方法。图 5.31 为采用三只传感器并联的标定装置原理图。来源于国家基准机的单只传感器最大力值 20MN，采用三只传感器并联，可以实现 60MN 的力值传递或者校准。将被校准对象与并联标定装置按照叠加式力标准机的工作原理和方式，即可以实施校准工作了。

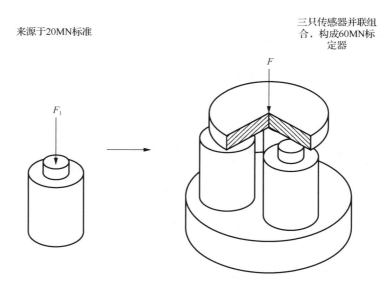

来源于20MN标准

三只传感器并联组合，构成60MN标定器

图 5.31　三只传感器并联标定装置原理图

一个典型的超大力值校准实例是如图 5.32 所示的上海华龙测试仪器有限公司制造的 100MN 伺服压剪试验机的轴向作用力的检定和校准。单只 20MN 传感器的制造及标定精度为 0.003，采用组合标定形式，阵列为 6 只。标准传感器制造完毕后，需送至国家计量院进行标定，合格后放置 6 个月，然后进行复检，复检合格后，方可用于 120MN 试验机的检定。6 只传感器的放置位置如图 5.33 所示，布置的节圆与横梁顶部的 4 只油缸加载中心节圆等同，设备制造时下压板已刻制定位圆。

图 5.32 100MN 伺服压剪试验机

图 5.33 传感器放置位置示意图

100%量程检定时使用 6 只标准传感器，检定负荷范围为 5 挡，即 120MN、100MN、80MN、60MN、40MN；50%量程检定时使用 3 只标准传感器，检定负荷范围为 5 挡，即 60MN、50MN、40MN、30MN、20MN；20%量程检定时使用 1 只标准传感器，检定负荷范围为 4 档，即 20MN、15MN、10MN、5MN。

5.6 喷气推进发动机推力试验原位校准

原位校准是许多工作装置在服役位置和环境条件下，对其力值测量系统进行标定或者校准的工作过程，这些工作装置中最具典型代表性的是喷气动力发动机试验原位校准系统，例如，在喷气式航空发动机、固体和液体火箭发动机的推力试验中应用。

5.6.1 喷气推进发动机推力测量系统

喷气发动机包括航空发动机、航天发动机等，它们的推力试验的主要内容是地面推力测量。为确保测量工作准确可靠，在全部测力系统的准备工作完成之后，发动机点火之前，需要对力的测量系统进行最后一次校准。喷气发动机的力值测量系统与一般的测力系统的基本原理没有差别，不同的是采取的冗余措施多一些，比如，传感器采用多通道输出方式。

喷气发动机推力测量系统的基本原理如图 5.34 所示。放置在动架上的发动机通过动架头部与测力传感器接触，传感器固定在机座上，机座与基础固定。发动机点火以后产生的推力由测力传感器测量，并将信号馈送至数据采集与处理系统。其中动架与机座通过柔性支承连接，柔性支承使得发动机的轴向推力和微小运动不受约束。

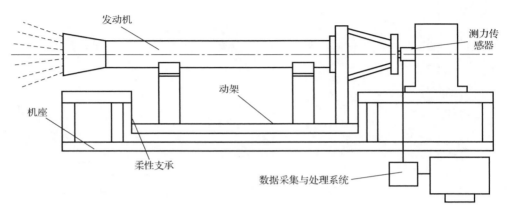

图 5.34　喷气发动机推力测量系统

5.6.2　原位校准系统组成与工作原理

上述喷气发动机原位校准即在工作位置对测力系统进行校准，工作原理如图 5.35 所示，核心是对发动机测力传感器施加精确的载荷。为此设计一反向架，它可以沿着测力传感器轴线方向自由移动，即摩擦力可以忽略。在反向架的两端分别设置和固定校准用传感器和校准加载系统，它们的轴线与被校准的传感器轴线重合。当校准加载系统产生向右的运动时，带动反向架和校准用传感器同时运动，将力和位移作用到被校准传感器上，反向架充当了发动机的作用。实际上这个装置的组成和工作原理就是一台横向放置的叠加式力标准机，因此，关于叠加式力标准机的所有原理和方法与技术措施大都可以应用在此处。有一点不同的是，反向架运动时的摩擦阻力必须减小至对测量不产生影响的状态，否则将会影响力值不确定度的评定。一般采取的方法是在误差项里面增加一项摩擦力因素，可以采用各种形式的滚动支承减小反向架摩擦力。考虑一种经过实践检验实际可行的情况，原位校准加载反向架和校准加载系统的重力为额定载荷 F_n 的 1%，摩擦系数取 0.25%，力的计量从额定载荷的 10%起始，则由于摩擦力引起的当量相对误差为 0.025%，因此对于精度等级在 0.05 情况下，采用滚动摩擦是可以满足要求的。

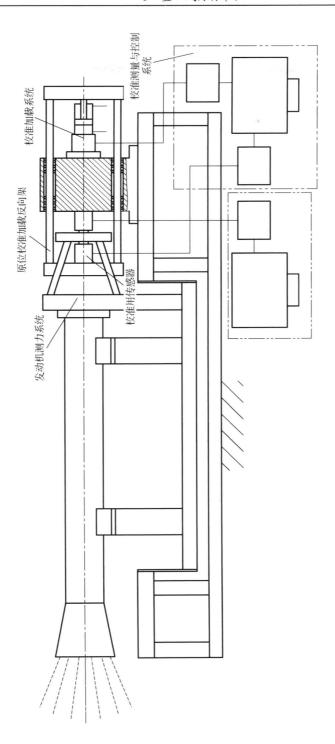

图 5.35 原位校准系统组成与工作原理图

小结：最早见于应用的传感器比对校准应用于发动机的原位校准测量，它催生和促进了叠加式力标准机的发展进步。反过来，发展了的叠加式力标准机技术又为发动机原位校准的进步提供了新的技术方法。所有关于叠加式力标准机的技术都相应地可以应用于喷气发动机的原位校准。

参 考 文 献

[1] 裴玉吉. 天平[M]. 北京: 中国计量出版社, 1993.

[2] 施昌彦. 现代计量学概论[M]. 北京: 中国计量出版社, 2003.

[3] 李庆忠, 李宇红. 力值、扭矩和硬度测量不确定度评定导则[M]. 北京: 中国计量出版社, 2003.

[4] 邱成军. 材料物理性能[M]. 哈尔滨: 哈尔滨工业大学出版社, 2003.

[5] 张学成, 唐可洪, 李湘多, 等. 压电陶瓷在叠加式力标准机上的应用研究[J]. 计量学报, 1993(3): 218-223.

[6] 电子陶瓷情报网. 压电陶瓷应用[M]. 济南: 山东大学出版社, 1985.

[7] 张学成. 压电陶瓷力发生装置[J]. 压电与声光, 1997(3): 176-179.

[8] 黄成志. 压电叠堆泵及直线驱动器设计[D]. 南京: 南京航空航天大学, 2013.

[9] 张学成, 周长明, 韩春学. 大负荷压电式力标准机[J]. 仪表技术与传感器, 2006(9): 48-50.

[10] 张学成, 明绍寒, 张晟. 大负荷压电陶瓷微位移驱动器及其制作方法: CN201010583493.8[P]. 2011-08-10.

[11] 张学成. 压电致动器双向电源研究[J]. 压电与声光, 1998(1): 34-37.

[12] 张利平. 液压传动系统及设计[M]. 北京: 化学工业出版社, 2005.

[13] 张学成, 胡书祥, 周长明. 负荷传感器试验的柔性加荷方法[J]. 计量学报, 2006, 27(4): 352-355.